德国主妇的
高效幸福整理术

〔日〕门仓多仁亚——著

古又羽——译

简约生活实践家
门仓多仁亚

教你从整顿日常开始，
活出属于自己的幸福人生。

山东人民出版社·济南

图书在版编目（CIP）数据

德国主妇的高效幸福整理术/(日)门仓多仁亚著;古
又羽译.--济南：山东人民出版社，2022.3
ISBN 978-7-209-13530-6

Ⅰ.①德… Ⅱ.①门… ②古… Ⅲ.①家庭生活-基本
知识 Ⅳ.①TS976.3

中国版本图书馆CIP数据核字(2021)第213765号

山东省版权局著作权合同登记号 图字：15-2018-212

德国主妇的高效幸福整理术
DEGUO ZHUFU DE GAOXIAO XINGFU ZHENGLISHU

〔日〕门仓多仁亚　著　古又羽　译

主管单位　山东出版传媒股份有限公司
出版发行　山东人民出版社
出 版 人　胡长青
社　　址　济南市市中区舜耕路517号
邮　　编　250003
电　　话　总编室（0531）82098914
　　　　　市场部（0531）82098027
网　　址　http://www.sd-book.com.cn
印　　装　山东新华印务有限公司
经　　销　新华书店

规　　格　32开（148mm×210mm）
印　　张　4.25
字　　数　70千字
版　　次　2022年3月第1版
印　　次　2022年3月第1次
ISBN 978-7-209-13530-6
定　　价　45.00元
　　　　如有印装质量问题，请与出版社总编室联系调换。

前　言

德国有句俗谚说：

"请时时怀着打理整顿的心，并且试图喜欢上它。因为它能为我们省时又省力。"

美丽的事物、便利的用品、生活必需品、充满回忆的物件、因为太可爱就忍不住买了的东西，还有别人送的礼物……现代人的生活被各式各样的物品所围绕。

除了使生活更幸福的便利物品之外，也有很多是虽然没有用，却无法割舍的纪念性物品。那么，找一栋大房子，然后把一辈子的东西全收进家中大仓库怎么样？光想象就可以预见那数量会有多庞大。照这样看来，我们不可能永久保存所有东西，而且其实也没那个必要。

随着时间的推移，生活在变化，人们所需的物品也在改变。

最理想的状态，就是在物品累积到空间无法负荷的量之前，通过定期检视与整理，让物品的总量维持在自己能够掌握和管理的范围内。

英国艺术家威廉·莫里斯（William Morris，1834—1896）曾说过一句话，那是我心目中的理想状态——

　　除了实用物品或者自己认为美丽的物品，其他东西都不应该放在家里。（Have nothing in your house that you do not know to be useful or believe to be beautiful.）

接下来我将会介绍自己的独门高效幸福整理术。其中，有些是我从小在我的德国妈妈和外公、外婆身边，耳濡目染之下所学到的方法；有些则是自己多次搬家后的体悟。

目 录

第 1 章　我的高效幸福整理术：大原则

成功人生的一半来自打理整顿。

Ordnung ist das halbe Leben.

现代的都市人每天一出门，大量的资讯便排山倒海而来，我们被迫接触那些并非全都想看、想知道的信息。走在繁华的街道上，无所不在的广告看板文字映入眼帘，不想看到那些信息都不行。

不单是广告而已。当我们乘坐公共交通工具时，对面可能坐着举止令人不悦的陌生人；购物中心里播放着自己并不想听的音乐；车站内的广播不断重复……自己无法掌控的资讯永无停歇地迎面而来，这是都市特有的刺激，同时也是人们的压力来源。

家是能让现代人从那股压力中解放出来的地方。对自己和家人而言，家就是打理整齐、能够让人舒适生活的空间。所谓"整齐舒适"的标准因人而异，在不同的人生阶段，想法也会随之改变。就算是同一个人，在其独自生活、成家育幼，以及老年退休后等各个时期，心目中的理想生活方式肯定也不一样。

整齐、清洁的环境是令人身心放松的基本条件。假如将东西丢得到处都是，置身其中，心就难以沉静下来，换言之，让房子变得容易整理十分重要，收纳空间一定要好好规划。若想让整理工作变轻松，第一步就是控制物品的数量，物品的总量要是超过收纳空间，做再多努力也没有用。将物品收纳之后，接下来是否容易随手拿取也是不容忽略的要点。这些物品本来就是要用的，想用的时候若是找不到，大家一定会感到很烦躁。而拿出来之后又要再收回去，这些步骤的难易程度，深深影响着房子的整齐状态。

德国还有一句俗谚："成功人生的一半来自打理整顿。"（Ordnung ist das halbe Leben.）

我的外公90多岁了，他外出回来第一件事情就是脱鞋、把鞋子放回固定位置，然后他会换上家居鞋，将帽子收进衣柜，把外套挂到衣架上，再将钥匙、钱包等放进固定抽屉，日复一日从无例外。

"Ordnung"体现了德国人奉行的生活准则，这个词可直译为"秩序"，他们认为世界万物都有其正确的秩序。假如事物变得杂乱无章，就必须尽快将其归于原来的良好秩序中。

成功人生的一半来自打理整顿。只要在日常生活中认真实践，不仅能省下很多事后整理的时间，大家也会发现所谓的"打理整顿"，其实很轻松。

找出让自己感到舒适自在的生活风格

每个人的舒适圈都不一样，加上生活形态随着时间推移而改变，能让自己放松下来的环境条件也会因此不同。要找出让自己感到舒适的生活风格，首先要思考自己心目中的理想生活是什么样子。当然，我是指实际的理想，而不是"我想要一栋城堡"那种幻想。

以我的情况为例，我家只有我和先生两个人，我们各自有自己的工作。目前我们居住的公寓虽是安身之所，但同时也是我的工作场所。有时它是烹饪教室，有时是我接受杂志拍摄和采访的地点，有时我还会在这里处理一些文件。尽管在某些日子里这里会有非常多的人进进出出，但是，一旦大家离开之后，这里就不再是工作场所，而是居住的家。我们拖着一身疲累回到家，总是希望"家是那个能够疗愈身心的空间"。因此，我很努力地做一些改善，以免家里给人带来工作场所的感觉。

尽管我家的客厅、餐厅和厨房都是工作时会开放的地点，不过，我会在其中准备工作用的专属空间，比如客人专用的衣帽架，以及能够容纳大量拖鞋的篮子等。除了通过打造专属空间来避免工作上的东西占用私人空间外，我也会借由一些配置变化来切换上下班状态，例如橱柜门的开或合。

物品总量应符合居住空间大小

之前我在一篇文章中读到，在最近50年间，美国人的住房空间呈倍数增长，家中物品也随之大增。反观日本，应该可以说居住空间未增加，唯独物品数量暴增。

东西变多本身并无坏处，赏心悦目或便利的物品可以令生活更加富足而美满。然而，东西要用才有意义。倘若你只是将物品收在柜子深处，完全没拿出来使用，那就形同未拥有该样物品。明明处理掉就能腾出位置，你却将物品留在那里无端占据宝贵空间。

物品是否便于使用和人们的收纳息息相关。当空间充裕时，收纳良好的物品应易于拿取也易于收拾，房间也因此容易保持整齐，形成良性循环。

若想生活在井然有序的空间里，我们至少要让家里的物品总量符合空间大小。不要觉得拥有大量物品就等于拥有幸福，物品越多，就越需要耗费精力来维持与管理，其实十分辛苦。因此我认为，好的居住环境规划，应该选择大小符合自己生活风格的空间，而且其中的收纳空间要能够容纳所有让生活舒适便利的物品。

有人说理想的物品数量最多只能占全部收纳空间的八成，

不过我认为，只要使用起来顺手就可以了。若你感到不方便，就说明收纳方式需要调整。

将物品收纳在方便取用的地点

规划某物的收纳位置时，请以该物使用的频率及地点为主要考量。经常使用的东西，应收在方便取用的地点。明明是在厨房使用的东西，却将它收纳在餐厅，最后你就会因为觉得麻烦而懒得放回去，导致厨房散乱不堪。请重视感到使用不便的瞬间，思考其原因，慢慢摸索出令家务操作起来更加流畅的方法。我曾住过一个房子，厨房和餐厅之间有一个古董柜，我用它来收纳餐具，取用和收回的动线都非常好。然而搬家后，那个柜子被摆在餐厅深处。我本来以为柜子离餐桌不远，应该也算方便，但是后来发现，把在厨房洗好的餐具拿在手上一路走到餐厅里面实在很麻烦。后来我就把常用餐具收纳在厨房抽屉里，如此一来便立即轻松了许多。

若我们能在搬家前就考量到各个层面的生活需求，并在周密设想后按计划进行装修，那是再理想不过的了；不过，这种计划事实上很难达成。在一个房子里生活时会遇到的种种问题，往往要住一阵子之后才会发现，因此，大家在居住过程中一步步改善不满意的地方即可。只要有心，一点一滴慢慢构筑，最终一定能够打造一个舒适的居住环境。

规划每日整理项目，并且专注进行

整理清洁的工作很辛苦，若无法从中获得成就感，或是花了大把时间还看不出成效，就难以维持下去，干劲儿也会消逝，大家是不是也会这样？

"这个周末我一定要把整个家都整理干净！"就算立下这样的雄心壮志，真的开始动手，转眼间一天就过去了，为了整理而搬出来的物品，甚至让家里看起来更加凌乱，令人沮丧。如果家里已经多年没有好好整理，绝对需要一段时间才能全部收拾整洁，请一次处理一小部分就好。

我的建议是，先决定好整理工作的时间和地点，再逐步踏实地进行。比如，每天早晨（当然每晚也可以）整理15分钟。每天同一时间，集中火力整理特定位置，时间一到就停止，连续一个星期，一定能够看见改变。或是以想整理的位置来规划工作，每次的范围不要太大，如厨房抽屉这样的小空间就好。如此一来，我们在极短时间内就能整理完自己所规定的项目，立即获得成就感，也就有动力再整理下一个项目。

请从使用频繁的场所中，优先挑出每天都感到不便的小地方开始整理。比如厨房抽屉、冰箱、洗手台的化妆用品和药箱等。每天都在使用的空间就算只有些微改善，大家也能切实感觉出差异。

全部整理完毕后，仍然需要付出一定的努力才能维持，请定期重新审视现况并加以打理。不过，相较于当初全面整顿时所耗费的精力，维持整齐状态已不算是太辛苦的工作，应当把例行整理工作纳入日常生活。

想办法养成整理习惯

我曾看过一本书——《为什么我们这样生活，那样工作?》（*The Power of Habit*，大块文化），内容是关于"习惯"的最新研究。其中谈到，已养成习惯的行为可分为三个阶段：第一是"信号出现"，第二是"触发"，第三则是"得到报酬"。在某个行动变成习惯后，只要看到信号，我们的大脑就会在无意识状态下产生对该报酬的渴望，进而自动执行平时养成的习惯。无意识状态下所养成的习惯，也是同样的过程。只要懂得原理，就能够主动建立习惯，也可以将坏习惯转变成好习惯。

以前我每天结束工作之后，只要一开始做晚餐，就会产生以放松作为报酬的渴望，忍不住打开啤酒罐，结果进一步养成了每天喝啤酒的习惯，也因此总是担心会造成酒精依赖的后遗症。不过后来我仔细想想，自己喝啤酒的目的并非买醉，而是忘却工作、好好放松。

要完全摒除坏习惯是件非常困难的事，相较之下，只是单纯的改善就简单得多。以刚才谈到的状况来说，后来我将原本喝啤酒的习惯改成：出现"信号"（下班）后，就打开自己喜欢的音乐，同时喝着气泡水，同样可以获得放松的报酬。

把这个道理运用在整理上，不仅能像上述例子般替换现有习惯，也可以打造新习惯。平日早上，我会先开车送先生去上班，回家后第一件事就是煮咖啡，接着一边吃早餐，一边浏览电子邮件。做完这些事情后，我的打扫习惯会自动被触发，我会不假思索地依序整理厨房、卧室和客厅，然后沐浴打扮，再着手清扫厕所及洗手台。这是我平日上午一连串的活动，每当看到整齐的房子，便获得了以归零状态开始每一天的好心情，这一定就是我整理习惯的报酬了。

理解习惯养成的三个步骤，利用信号暗示以及报酬机制来鼓励自己，养成整理的好习惯，迎向清爽的每一天吧！

第 2 章　物品收纳篇

Die Basis einer gesunden Ordnung ist ein großer Papierkorb.

大垃圾桶是打理整顿的基本配备。

仅拥有符合空间大小的物品数量，是维持整洁居家环境的基本原则，假如目前持有的物品已经超出空间的话，那就开始设法减少吧！无论我们多么擅长收纳，只要所有物超过房子的可容纳范围，就永远不可能把房间打理整齐。德国人说"大垃圾桶是打理整顿的基本配备"，意思就是——开始丢吧。

在我念大学的时候，妈妈送我一只精美的竹制乌龟工艺品，头会摇来摇去，非常可爱，我因此迷上了搜集乌龟玩偶，到哪儿都会买。一开始，我只会买做工精致的，但到后来却渐渐变得来者不拒，一旦乌龟映入眼帘就无法克制购买欲望。某天，我看着自己那些数量可观的收藏，忽然间觉得很恐怖，就一口气全部丢掉了。那天我一定是感受到了人类对物品偏执的可怕吧。

分辨出何为非必要物品，并下定决心丢弃，正是打理整顿的第一步。

其实，我并非那种痴迷于整理清洁的人。能不做的事，我就不会去做。门开了不关；抽屉拉出来后就摆在那儿；麻烦事一再往后延宕；洗完碗就丢在那里懒得擦干；在客厅喝完葡萄酒后，酒杯和杯垫都不想收，只把酒瓶塞塞回去就去睡了……虽然如此，我每天早上都会将它们全部整理干净。

外公说，人超过90岁后，自律就会变成一件非常困难的事，时时需要和"内心的猪狗"（innerer schweinehund）战斗。每个人的内心都潜藏着懒惰的"猪狗"，倘若不注意，就会被它哄骗，导致生活变得越来越散漫。这不太文雅的比喻浅显易懂，有时候，我也会败给"内心的猪狗"。若我先生出差了，我就不做晚饭，还会边喝啤酒、边吃仙贝看电视放空。但是，假如我们一直放任让"猪狗"做它爱做的事，它就会一直壮大，主宰你的生活。因此，我们每天都必须为了不输给它而努力。而在不认输的心情下整理出舒适的居家环境，也能让自己和家人获得疗愈。不仅如此，在整理物品的同时，人的思绪也不可思议地变得明晰了。

我在东京的租处是个约90平方米的三室一厅一厨。这是我们夫妻两人居住的家，同时也是我的工作场所，我会在还算宽敞的一字型厨房里上烹饪课。这个厨房的收纳空间比我上一个住处的大，虽然我因此感到很开心，但也没有任意添购用具将它塞满。这种空间上的富余得来不易，我很努力地保持。

玄关是家的门面，一定要整齐清爽

鞋子可以定期换新，但不需要款式齐全

玄关是家里给人留下第一印象的地方，因此，应尽可能地随时保持整齐。日本的玄关通常设有鞋柜，德国则没有，但会有收纳外套的空间。可能的话，这两种空间我都想要呢。

我家的鞋柜比较大，所以我下定决心，不管什么季节，鞋子只能装在里面。当鞋柜里摆不下新鞋时，我就会重新审视我的鞋子并加以整理。我和先生的脚都偏大，我们在日本几乎买不到合适的鞋子，也因为这样，一看到合脚的鞋我们就忍不住买下来，结果就买太多了。掌握自己当下的穿衣风格，并时时牢记宁可"汰旧换新"也不需要"购足各种款式"的原则，才不会不停地买鞋。我的个子算高的，所以我的鞋都是平底鞋。另外，因为无论是在购物、打扫或工作中，我都需要经常站着，所以我主要选购

久穿也不会累的款式。

我是个德日混血儿，骨架比一般日本人要大，在成长过程中，时常买不到尺寸合适的鞋子，因此我养成了一出国就想买鞋子的习惯。然而，我的脚不仅偏大也偏宽，欧洲的鞋款版型多半偏窄，那样的鞋型在购买当下或许觉得合脚，但到了傍晚就会出现紧绷感。长年下来，我出现了脚拇指外翻的症状，才惊觉不能再这样下去。我把所有不合脚的鞋子都扔掉，并且下定决心以后只买合脚的鞋子。有一次我终于找到了一款与我的脚形完美匹配的鞋子，于是就一次购买了三个颜色，并十分珍惜地小心保养，穿到现在。

请爱上小巧的折伞

伞通常被人们放在玄关，它们是很难收纳的物品。有一次，我独自在巴黎旅行，途中忽然下起雨来，于是我跑到春天百货里买了一把很美的覆盆子颜色的伞，它有木制的伞柄、类似麻质的伞面，还附着一条背带。我非常喜欢那把伞，心想一定要珍惜地使用，结果却在某天不小心将它遗失了。后来我再没遇到那样好看的伞。如今我不再执着于寻找那把伞的替代品，反而觉得伞只要实用、小巧就好，因此我现在一直使用一把藏青色的折伞。藏青色和什么颜色的衣服都能搭，而且折伞也很适合旅行。不需要的时候，只要把它收在包里就可以了。日本的轻量折伞性能极佳，我经常买来当伴手礼送给国外友人。

折伞很小，就算玄关不大，也很容易收纳。我在鞋柜内侧加上挂勾，用来挂折伞和鞋拔，方便拿取，也完全不占空间。虽然我也有晴雨两用洋伞，先生有把大黑伞以及塑料直伞，不过，我并没有把它们放在玄关，而是收纳在大衣橱里的深纸箱中。当然，收进去之前我会确保雨伞已经彻底干燥。我家玄关的门旁有个收报架，若伞是湿的，会先把它们挂在那边晾干。

外出要用的物品收纳在同一处

我们只要将出门时需要带上的物品备妥放在玄关，就不会老是落东落西。我有一个专门放钥匙用的小盒子，平时把它收在鞋柜里，车子、储藏室、娘家的钥匙，以及预备钥匙等都挂在一起放在这个小盒子里，并且用标签标明每把钥匙的用途。出门时需要携带的纸巾和口罩等也被我收在这个小盒子里面。如此一来，出门时要拿这些东西都很顺手。

另外，我在玄关那里挂了一面与人齐高的半身镜，这样不仅能在出门前再次检视仪容，当有人按铃应门前也可以稍微确认一下自己是否穿戴整齐。全身镜也是不错的选择，除了上述种种方便功能外，还能让空间看起来变大。

最后，玄关除了是一个家的门面，也反映出主人以何种心境接待来访客人，因此我安排了一个放小花瓶的地方，空间不大，但是插上花朵后非常怡人。

依照使用频率整理餐具

常用餐具收纳在易拿易收的地方

在收纳餐具时，最重要的一点就是依照使用频率来安排收纳地点。经常使用的餐具应放在易拿易收的地方，而过年过节才会用到的器皿及供访客使用的酒杯等物品，则可以收在高处的橱柜，或是距离厨房稍远的地方。若是特殊场合才会用到的物品，最好依分类尽量放在一起。例如圣诞节相关的物品，我会集中起来放在一个大纸箱内，然后在外面贴上标签，收纳在储藏室里。

考量使用频率是收纳的基本原则，这点在餐具收纳上更显重要。餐具若是被收在难以取出和放回去的地方，最后人们就不会再想使用它们，拥有它们也就变得没有意义。有些人喜欢把餐具收在买来时的原包装盒里，但我觉得那样不管是拿取或收进去都很麻烦，所以我不会保留那些盒子。不过，如果你觉得放回原盒子里的收纳效果比较好，那么让盒内物品一目了然就变得非常重要，建议可以在盒子上面贴盒内物品的图片，或是用便签纸写明盒内物品是什么。

由于工作上的需求，相较于其他两口之家，我家的餐具非常多。因此，我将自家日常使用的餐具，和客人或学生要用的餐具分开收纳。

自己专属的餐具因为每天都会使用，所以我将它们收纳在动线最好的碗柜里。如此一来，不仅菜肴烹饪完毕后可以直接取出装盛，洗好的餐具也能马上收进去，极为便利。平常使用的餐具就固定在能收进这个碗柜的数量，例如，饭碗、汤碗、盖饭碗、小碟子等，全都仅准备两个。

当大量的碗盘叠在一起时，拿取和收纳都会变得困难，因此，收纳常用碗盘的橱柜最好不要太高。我家的橱柜层板间隔原本很高，因此我请人另外裁了一块层板加进去——在合理范围内加强橱柜收纳力是必要的手段。

另外，我为访客和教室活动准备了餐具，基本上一组是八人份。由于我的餐桌是八人座的，所以准备同样数量的餐具即可。至于茶杯和蛋糕碟等餐具组合，则会准备得比较多，有的多达十二人份。因为喝下午茶时，大家不必局限在餐桌前，也可以坐在沙发上或其他地方，因此会有一次接待较多人数的情况。

这么多的餐具，我依照用途分在两个地方收纳。用于盛装大型菜肴的大餐具，被放在原本用来收纳亚麻织品和浴巾的柜子里，柜子正好位于洗手台旁的走廊上。为了将那个柜子改造得更适合放餐具，我新增了五片层板，让整个柜子的收纳空间增加为八层。这个柜子不深，因此几乎没有塞在深处的餐具，易拿又易收，我对这个空间非常满意。

大量的杯子可收纳在客厅

另一个用来放餐具的柜子，是我在古董店买的账簿柜。那个柜子放在客厅，喝茶用的茶杯和茶碟、喝葡萄酒和饮水用的玻璃杯等，以及平时用不到的刀叉匙筷皆被收纳在此。由于它本来是账簿柜，所以不适合用来收纳大型餐具，但它有许多小抽屉，上头还有锁。没有人规定家具一定要如何使用，使用者可以尽情发挥创意，尝试收纳不同的东西后，有时会有意想不到的发现。比如，我试着把茶杯和咖啡杯放进这个柜子下半部的小抽屉时，就发现这样好方便！有把手的杯子不容易叠起来，以前妈妈都是利用挂钩来吊挂。但是我将它们放进抽屉后，只要将抽屉拉出来，就能一次看见所有的杯子，连收在深处的杯子也能轻易取出，这已成为我现在最喜欢的收纳方式。

账簿柜很高，最上面的那一整层都不容易被充分利用，我同样加了一块层板来改善这个问题，并用那个空间来放各式各样的玻璃杯。我有很多玻璃杯，如水杯、甜酒杯、香槟杯和甜点玻璃杯等。账簿柜有点深，因此，我将同种类的玻璃杯纵向排列，这样就可以马上看到要拿的款式，并依序拿取。

品牌餐具的好处是种类齐全

西式餐具基本上都是成套的。我外婆在结婚以后，除了平常使用的餐具之外，还会另外购买访客专用的成套餐具。顺带一提，德国餐具组合的基本款式包含大盘、中盘、汤盘，以及放在餐桌中央、供分食使用的盛肉盘、酱汁皿、土豆碗、盛装配菜的大碗等，通常会有六人份和十二人份两种选择。此外，德国人在最喜欢的咖啡时间会用到的餐具，也都有成套的产品。

在德国购买成套餐具的时候，选择名牌不无道理。优良的品牌基本不会停产，而且会长期制造相同产品，因此，就算其中几件损坏了，也能随时买到相同的产品来补齐。

我妈妈在结婚前每个月都会从薪水中拨出固定金额，努力地买齐一系列 WMF* 公司制造的刀叉匙组合。该系列名为"纽约"（New York），样式简单利落，我也很喜欢。在我的父母结婚 20 多年后，因为他们工作调动而全家移居德国法兰克福。有一天我在 WMF 店面的橱窗上看到一张公告，说明"纽约"系列即将停产，请欲加购的顾客在某个期限内订购。知名品牌一般会提供这样的服务。

在德国，餐具原则上都是成套购买，假如其中缺了几件，就会感觉剩下的餐具有点可怜。而日本的餐具中，除了瓷器之外，还有漆器、玻璃制品等，可以依据季节巧妙地组合搭配，创意感十足，真的很棒。日本的餐具就连形状也包罗万象，从樱花到富士山等，各有各的原创风格。虽然要巧妙地混搭使用并不容易，但我有时会想着，如果西式餐具也能被如此自由、富有创意地使用就好了。

使用设计简单的餐具，利用织品增添变化

我家备有大盘、中盘、汤盘三式一组的西式餐盘，餐盘都是素色无花纹的，适用于所有料理。虽然我也曾考虑要购买名

---

*编注：中文译名为"福腾宝"，是德国知名厨具品牌。

牌产品，但最后因为觉得有朝一日可能会看腻而作罢。我最常用的西式餐盘可分为两组：一是乳白色圆点浮雕餐盘（边缘有圆点浮雕装饰，大盘直径28厘米、中盘直径21厘米、汤盘直径17厘米），用于稍微讲究高雅气氛的场合；二是具有手工感且外形浑厚的工作坊制品，用于盛装随兴的家庭料理。

日本会定期举办"餐桌布置展"（table coordinate fair），在那儿可以看到琳琅满目的精美餐桌摆设，展场中的餐具固然美丽，但是普通人家里不可能备齐那么多种单品，也无法容纳那么多物件。如何在尽可能减少品项的前提下，打造出多变风格？我的方法是把餐具样式简化，然后通过桌布等织品来为餐桌增添变化。织品可根据季节和心情来挑选，再搭配花朵和餐巾，即可营造不同气氛。

我曾经买过很多不同花样的桌布，结果却很难与餐具搭配，后来我多选择素色或是布满细致花纹的款式。我用过最百搭的颜色是深绿色和深蓝色。深绿色只要搭配菊花图案的餐巾，就能营造出充满秋意的气氛；搭配如小苍兰般的黄色，则可展现春天气息。深蓝色除了能代表夏天海洋的湛蓝，也很有日本风情，于冬季搭配陶器餐具，能使餐桌显得和暖温馨。

玻璃酒杯和刀叉匙的讲究

我除了拥有很多新式的玻璃酒杯，也收藏了大量古董杯。我和家人都很喜欢1900年至1910年期间在德国流行的"德式青年"（Jugendstil）风格，所以搜集了许多该风格的物品。"德式青年风"与法国的"法式现代风"（Art nouveau）以及英国的"美术工艺运动"（Arts & Crafts Movement）是同时期的产物，早于包豪斯（Bauhaus），它们与19世纪的风格比较起来，已经简化许多，但仍具有装饰性，并偏好用大自然的元素作为图案。我觉得"德式青年风"有点日本味，说不定这也是我会如此喜欢它的原因。那个年代特有的手工感是无可取代的，即使是相同的玻璃杯，每只杯子的大小仍会略有不同，光是想到制作者亲手打造的画面，我就感动不已。虽然我也非常喜欢包豪斯功能至上的美感，不过，假如家中所有单品都很简约，总觉得少了点什么，所以，我喜欢在其中加入"德式青年"的元素。

我有一套十二人份的"德式青年"风格刀叉匙组合，现在仍然十分爱用。那套餐具包含餐点用的刀叉匙，以及甜点用的叉子和汤匙。在跳蚤市场不难看到西式的古董刀叉匙，但要找到顺手的尺寸不太容易。相较于英国和法国，德国惯用的刀叉匙尺寸略小一些。再者，要凑齐完整的一套非常困难，就算是我的那套刀叉匙中的刀具，也可能只是切鱼而不是切肉的。不过，反正那套餐具是我自己用，无须那么讲究，它十分锋利，无论肉类或鱼类都能切。

我爱用的玻璃酒杯也是"德式青年"风格的，我有四只同时代的酒杯，两两不同款式，但一起使用并不突兀。假如有八位客人，我会将它们交错摆设。餐巾也是一样的道理，若同款的数量不足，则可通过交错排列的方式来摆设餐桌，形成缤纷的点缀。

重要的餐具可以用一辈子

自己使用的咖啡杯组合除了基本的白色款之外，还有许多之前旅居伦敦时搜集的产自斯塔福德（Staffordshire）的咖啡杯。这些咖啡杯虽然图案各异其趣，但生产杯子的窑厂可能是同一家，因为所有杯子的杯身与杯把的形状都是一样的。我家的餐具多数是简约款的，于是这些杯子就显得特别花哨，不过由于形状一致，将它们一起摆在桌上并不会觉得乱。这些杯子的花色，有的是常见的蓝白相间，有的是奇特的粉红色配绿色，全可依当下心情来选用。

这些咖啡杯制造于1850年左右，已经非常古老，而且因经常使用，难免会产生裂纹。但我十分喜爱这些杯子，一有损坏就会拿去给从事金缮的朋友修复。日本的金缮技术极其卓越，师傅的手艺精致细腻。我朋友往往会在修补图案后，再配合原设计稍微加工，我在端茶给客人的时候，也爱特别说明这些故事，制造话题。我的餐具非常多，而且只要是喜欢的，即使需要不时修复，还是想要一直用下去。

厨房工具的摆放要适得其所，应依使用频率及使用习惯收纳

料理台上不要堆东西

都市里的住宅空间是十分有限的，空出来的空间比什么都珍贵。我想，不只是东京，全世界应该都是相同的情况。

厨房料理台也是一样。最好用的料理台就是什么都没放、宽敞又方便作业的平面。我会把料理台看作与和室一样的空间——和室内仿若空无一物，只要放上矮脚餐桌就能用餐，铺上被褥就能变身寝室；厨房的料理台假如什么都没放，不只能在上面切东西，还可以揉面团，以及轻松地装盘等。做饭的时候，如果我们手上的餐厨用具根本没地方摆放，就表示需要整理料理台了。当厨房一团乱时，是无法以好心情来制作美味食物的。

榨汁机、咖啡机和电子锅等各式各样的电器，我尽量都会

收在柜子里，而且使用后，一定会复归原位。使用过的物品假如不收回去，料理台上的东西就会越堆越多，作业空间会越来越少，到最后可能只得把盘子搁在不稳当的位置，运气不好的话，盘子还可能掉落摔碎。所以，大家最好一边使用一边整理台面。

我的料理台上只有经常使用的物品，例如热水瓶、微波炉，以及碗盘沥水架。洗完碗盘后，我通常采用自然沥干的方式，而非擦干，所以我家的碗盘沥水架一直都是放在外面的。除此之外，诸如料理筷、汤勺、平铲、料理剪等经常使用的料理用具，我会将它们插在合适大小的杯子里，并置于炉具旁双手可及的范围内。这么做拿取很方便，使用起来十分顺手。

四个深口锅、两个平底煎锅

市面上有琳琅满目的厨房用品，但我们一定要依自己的料理习惯来挑选。

我通常只做西式与日式料理，因此在挑选用具时就按这两种需求来购买。我认为家里的掌勺不需要什么都会，例如我就不太擅长烹饪中餐。有一次朋友送我一瓶中国产的美味XO酱，我会在炒青菜时加一些来提味，或是用它搭配剩下的米饭做成炒饭，但是再多我就不会了。也可以说，我只想做以现有工具能处理的料理。

我大部分都是做西式料理，因此比起研钵，食物料理机于我而言更实用；比起中式炒锅，厚底的不锈钢锅更重要。我有四个菲仕乐牌的不锈钢锅，分别是两个直径18厘米左右的单柄锅、一个同样大小的双耳深锅，以及一个直径约25厘米的汤锅。其他经常使用的还有一大一小两个平底煎锅，大的通常用来煎肉、煎松饼或炸肉排；小的则用来做欧姆蛋、小分量配菜或者煮蔬菜等。四个深口锅加上两个平底煎锅，对于日常料理而言已经非常够用了。除上述之外，我还有压力锅及熬高汤用的大锅，不过，它们的使用频率并不高。

砧板应依用途分开不混用

日本人平时多用筷子，吃西餐则使用刀叉。德国人做菜并不讲究刀工，因此不会搜集一大堆特殊刀具，我外婆家的切菜用具就只有10厘米×20厘米左右的小砧板和水果刀而已。德国人在购买肉类时，会当场请肉贩依需求分切好，或是去除肉的脂肪等。水果刀也可以用来切蔬菜，有时人们甚至连砧板都不用，就拿在手上切，让切下来的蔬菜直接落入锅中。

我主要使用的砧板有两块。一块是大的白色塑料砧板，大多数食材都是在这上面切。白色砧板一旦脏了就很明显，可立刻杀菌清洁，也很容易干燥。另外一块是边长20厘米的正方形绿色塑料砧板，专门用来切怕沾上味道的食材，例如草莓、苹果等水果。诸如肉类、鱼类、洋葱、大蒜等气味强烈的食材，我绝对不会将它们放到绿色砧板上。

　　另外我还有一些木制的小砧板，用来切干燥的食物，比如面包，或是用它们盛装火腿和奶酪。德国人常用15厘米×20厘米的木制砧板摆放面包、火腿，在晚餐时直接端上桌供大家享用。我们会把火腿和奶酪放在裸麦面包上，然后用刀叉将面包切成易于入口的大小。

　　直立摆放是收纳砧板的最佳方法，收拿也比较方便。塑料砧板洗完干燥后，我会将其直立着放到水槽下方的柜子里，木砧板则和铁板收纳在同一处。铁板、木板这类用具本身很沉重，重叠平放时很难拿取。所以我把它们收在较浅的柜子里，利用书挡将铁板、网架、浅烤盘及砧板这类扁平用具垂直收纳在一起。

垃圾桶的选购哲学

　　垃圾桶是家居生活中不可或缺的用品。既然如此，大家就要好好思考自己需要什么样的垃圾桶。如果从我家客厅往厨房看去，厨房里的垃圾桶会被大家看得一清二楚，所以我希望垃圾桶的造型不要太扎眼。另外，我还希望它可以从侧面打开，而不是上面。因为我老是会不自觉地在垃圾桶盖上面放东西，导致要打开垃圾桶变得很麻烦，在感叹自己怎么又重蹈覆辙的同时，也觉得很不方便。最后将所有条件归纳起来，我打算选购白色垃圾桶，高度最好和料理台一样，材质若是易清洁的金属尤佳。然而，去了好几家店我都没有选到理想的商品，为避免再浪费更多时间，遂转而在网络上寻找。后来我终于找到一款完美的意大利制造垃圾桶，尽管价格略高，但能将垃圾桶长久、开心地使用下去才是最重要的，所以我就下手购买了。

大多数情况下，我选购用品都有这样明确的目标。虽说垃圾桶随处可得，好像无须投入那么多时间寻找，然而，为了拥有更舒适的生活，我认为多花点心思是必要的。不是一定要买多么高级的东西，但是一定要买能为日常生活加分的产品。

瓶瓶罐罐和保存容器是收纳的好帮手

我在工作上会用到的东西和食品存货很容易越堆越多，因此我总是极力设法别再增加品项，并时时注重打理整顿。

已开封的保质期较长的食品和调味料，需要冷藏的就放冰箱。如果原包装不易封存，我会把食品装进空瓶，并贴上标签。

这类食材与调味料的收纳方式，可依据瓶子的形状、高度以及使用频率和使用顺手程度等来安排。我把较特殊且不常用的调味料以及熬高汤用的昆布和高汤包收在邻近炉具的厨房吊柜里。而在伸手可及的柜子内，我设置了一个小巧的旋转盘，将盐、胡椒、酱油、蜂蜜和肉豆蔻等常用的调味料置于转盘上，其他的香料则收在炉具旁的抽屉内。干货和做甜点用的材料则被我收在吊柜的上层。我还在这些吊柜里增加层板，将购于百元商店的小篮子并排放置在层板上，以便于收纳整理。

其中一个厨房吊柜用来收纳与茶相关的物品，我在其最上层放置一个篮子，使用起来就像抽屉一样，中间层收纳的是开封后的茶叶，而最下层摆放的是茶壶、水壶，以及能够重复使用的咖啡滤杯。

空保鲜盒的收纳颇令人苦恼，假如为了节省体积而采用以大套小的方式，之后在寻找相对应的盖子时真的很麻烦。后来我决定尽量减少保鲜盒的数量，而每个保鲜盒都是盖好盖子收纳的。我将它们投入一个大背篓内，再将它们整个放在冰箱上方。虽然有点高，但保鲜盒并不是随手要用的物品，而且也只是稍微踮个脚尖就可以拿到——偶尔伸展一下背部也不错呀。

我的厨房里没有餐具收纳柜，但有一张很长的工作桌。保鲜袋、保鲜膜、铝箔纸和厨房纸巾等都被我收在工作桌的抽屉里。这类消耗品我都不多囤，用完才会再买。不过，为免除不必要的浪费，保鲜膜我会同时准备大、中、小三种尺寸。

厨房用的亚麻布等织品也被我收在这张工作桌的抽屉内。我很喜欢亚麻织品，也时常收到这类礼物。它们很耐用，因此我也不会放任自己一直买新的。纯麻制的布料最适合拿来擦拭碗盘，手感会越用越好。相较于市面上许多棉麻混纺的产品，纯麻揩布的价格稍贵，但用来擦拭玻璃杯真的很方便。

其他厨房用品的整理方式

我家走廊上还有另一个放厨房用品的柜子，它的深度较深，总共有五层。上方三层皆放着无印良品的深型抽屉式收纳盒。使用这种固定的收纳空间时，最应避免的就是随便把东西往里面塞。通过收纳盒与层板来改善空间安排是整理的诀窍。半透明的收纳盒十分便利，里面的物品看起来一目了然。

最上层收纳的是烘焙器材。我有很多种蛋糕烤模，它们很占空间。烤模若是互相堆叠着放，要用时很难利落地拿出，因此我将它们直立收纳在抽屉内。接下来的两层存放的是尚未开封的保质期较长的食品、获赠的食材，以及烹饪教室用剩的食材等。我将它们简单分成和食、洋食、甜点和巧克力，这样就能快速找到想要的东西。再下一层，放的是饼干模型、裱花袋和花嘴等小巧的烘焙用具，它们皆被收在一款有小格子的无印良品塑料抽屉式收纳盒中。最下层放的则是橄榄油、做甜点用的香甜酒等瓶装产品。

顺利用完存粮的"在家购物法"

保质期较长的食品给人们的饮食起居带来了很多便利，但不代表我们可以将它们放到天长地久。你家的冰箱里是否有过期的食品和调味料呢？我家冰箱的管理原则是尽量保留空间，任何食材都三思后才买，买来后就要想尽办法用完。有时我看到新出的调味产品，的确会忍不住想试试，但若是买了不符合自己料理习惯的调味品，很可能会因为不知如何使用而放到过期。别人送的食材也常常如此。

为了避免浪费，我有空的时候偶尔会"在家购物"，即彻底检视家中的调味料和食材存货，并用这些材料做料理，这样动动脑其实挺好玩的。倘若真的没有想法，再动动手指上网寻找灵感吧。

我个人严守不随便增加调味料品项的原则，我认为家庭料理无须每天都一百分，倒不是说难吃也无所谓，但只要口味还不错又营养均衡就可以了。"今天的菜比较咸，妈妈是不是累了？"口味多变也是家庭料理的乐趣之一。当我研究一份新食谱时，会去分析里面每一样调味料存在的目的。是为了增添咸味，鲜味，酸味，还是甜味？一旦想通了，我就能用厨房现有的调味料来取代。比如，食谱中若有巴萨米克醋（balsamico vineger），用一般的醋调入蜂蜜来增添甜味，效果可能也不差。这样一来，家中的调味料就不会无止境地增加了。

洗手台周遭——化妆品、打扫工具、毛巾类的整理法

化妆品用完再买新的

就和料理台一样，洗手台也是很容易塞满各种物品的地方。我们女生逛化妆品店，看着琳琅满目的新商品，广告宣传又那么吸引人，总是不禁心想：这次只要持之以恒地把它用完，一定能变漂亮。然后一不小心，就买了一堆东西。

沐浴乳快用完了，再去买一瓶来备用似乎没什么不对。但是，若旧的还没用完，就忍不住打开新的来用，你会发现各剩一点的瓶瓶罐罐越来越多。因此，我的目标是"浴室里仅摆放正在使用的产品，待完全用尽后才能补上新品"。浴室内若有好几瓶洗发水，自己就会不自觉地每天轮流使用，所以，我只摆一瓶，以避免这种情况发生。然而这项规定实际执行起来，没有想象中那么容易。收到朋友送的韩国蜗牛乳霜，我不禁想

马上试用看看；还有朋友送的马油护手霜，散发着薰衣草的宜人香气，而且十分滋润，所以我也立刻随身带着使用。就这样，那阵子我同时使用着三支护手霜和两瓶化妆水。

当我分配给化妆品的收纳空间变得拥挤时，就会想办法重新整理。用到一半的化妆品，若不是持续使用，而是已闲置多时，就该丢弃。化妆水、面霜和护手霜等产品，尽管强调的是效果，但若味道太强烈，我就不太想用，我喜欢香味自然清淡的产品。不过，假如觉得丢弃太可惜，我会尽量拿来涂抹离脸部较远的部位，例如腿和脚跟。

扫除工具和常备药品管理

扫除工具应以简单为重。我最喜欢的工具分别是无须清洁剂的去污海绵，以及吸水力强的抹布。我将厨房用的洗碗精和清洁剂收纳在水槽下方。室内用的清洁剂则分两种，一种是可以清洁洗手台和擦窗户的多功能产品，一种是浴厕专用的清洁剂，都被我放在厕所内的小收纳空间。预备用的卫生纸也被我收在同一处，我只会储备一包抽纸和四个卷筒卫生纸。我家附近就有家便利商店，所以这样已经很够了。

洗手台下方还收纳着常备药品。胃药、感冒药、创可贴、口罩、驱虫喷雾等医药品，种类超乎想象得多。我将家中原有的两个塑料盒再利用，改造成药箱，并以红色胶带在盖子上贴出十字标志，一箱用来装口服药，另一箱则用来装外伤用药。

毛巾只准备所需用量

日本人似乎特别喜欢毛巾，我先生也是其中之一，刚结婚的时候，我们家有好多毛巾。据说他小时候只有手帕可用，后来爱上了欧美风的大浴巾，所以买了许多。之前两三次搬家，先生装毛巾的纸箱一次也没有打开过，于是我们说好以后只需保留自用的浴巾两条和访客专用的一条即可。至于使用频率较高的小毛巾和擦手巾，也仅仅准备柜子里能放得下的量而已。

我总是挑深色的毛巾，深色系的如果脏了看起来不会那么碍眼，当然这不是为了给自己提供偷懒的机会，我依然会频繁换洗家里的毛巾。

顺带一提，在我家洗手间*的洗衣机上方，有个宽和深皆为60厘米、高45厘米的柜子，它就是毛巾的收纳场所。我在其中加了网架，将柜子改造成双层柜。由于它有点深，所以我将毛

---

*译注：日本的洗手台和马桶经常是分开的，前者的所在空间被称为"洗手间"，后者则被称为"厕所"。

巾类物品放在前面，床单类物品放在后面。

　　我的床单和被套，除了正在使用的，供替换用的只有另外两套而已。当它们因为使用过度而显得破旧时，我才会添购新品。最近，我新购入了一件复古的德国大马士革织纹床单，编织在雪白布料上的白色纹样风情万种，令我爱不释手。在我外婆年轻时，这种床单经常被当作嫁妆，其布料带着光泽，纹样设计也很可爱，我非常喜欢。德国的老奶奶过世后，她的亲人会将老人生前从未使用过的大马士革织纹床单拿到古董市场上售卖。我买的这件应该就是这么来的。

书本、杂志、CD和DVD的整理方法

严选书籍，仅保存真正需要的

书本也是很难整理的项目。虽然我也曾经想把家里的房间收拾得像图书馆，摆设超大书柜，但事实上，无论有多少书柜，我们都不可能拥有所有想要的书，唯一的方法是选用合乎房间大小的书柜，并且仅保存符合该收纳空间的书本数量。

能让我反复阅读的多半是工具书，例如和烹饪相关的书。虽然在我的欲购买书单里有好多书，但是，我深知自己短时间内并不会去看，所以我一再告诫自己，除了绝版的书之外，大部分图书等到真要看时一定都买得到，无须着急。

我会尽量避免增加图书的数量，若是看过一次就不会再看的书，我就从图书馆借，假如因为等待的时间太长而决定自行购买，看完即会借给朋友传阅，或是卖给二手书商。当然，我也有想一直留在身边的书，那么我就会珍惜地保存它们。

至于定期购阅的杂志，有时候上一期我还没看完，下一期就送到了。别以为一直放着总有一天自己就会拿来看，一直没看就代表你对它不是真的那么有兴趣。所以，我给自己定了一个原则，一旦书架上的杂志区放满了，就一定要清理。

不买CD和DVD，想看的时候线上付费观看

我家的影音设备很简单，只有一台二十寸的电视，而且被我放在工作室，而非客厅。

我们家全面禁止购买DVD，因为它们太占空间，而且就算买了也不会真的反复看，所以，想看的时候再去租借即可。后来DVD播放器坏掉了，我就只在电脑上观看影片，也越来越习惯通过网络寻找影视资源，省下前往DVD出租店的麻烦，真是很方便。

音乐也是一样，无论是下载的歌曲还是广播，都是利用电脑来收听。如此一来，就连CD收纳的步骤也省了。CD音响出现故障后，我将其更换为无线蓝牙音箱。我把这个蓝牙音箱摆放在客厅的日式橱柜上方，音箱体积小巧不占空间，我非常满意。

在开始利用电脑收听广播后，最让我惊讶的是能听到全球节目。我竟然能一面听着柏林的即时广播，一面打扫东京的家，真的非常让人兴奋！我招待客人的时候，会选择仅播放贝多芬乐曲的广播电台，傍晚则切换至提供法兰克·辛纳屈（Frank Sinatra）等爵士音乐的电台。由于选择丰富多元，简单轻松就能听到喜欢的音乐，所以我似乎比以前更常收听广播了。

衣服及配饰皆挑基本款

挑选不给自己压力的服装

现代都市女性真的很时髦，她们有自己的穿衣风格，我一直非常佩服她们的穿搭技巧。然而，就算我对于追求流行几乎毫不关心，也至少不会穿不适合自己的衣物。因此，我会尽量挑选不让自己感到压力的服装，换言之，就是找到自己的基本风格。虽然风格会随着时间推移而改变，不过，在审慎选择基础单品后，只需增添、搭配些许能够变换风格的配饰，即能随心情调整穿搭。

我喜欢素色的基本款服装，平时的标准装扮是简单上衣搭配长裤。而且我发现，只要全年穿着能够搭配平底鞋的服装，也就不需要各种款式的鞋子了。

尽可能挑选天然材质是我在买衣服时关注的要点之一，因为天然材质的衣物不仅透气，肌肤触感也很舒适。不过，摇粒绒就另当别论了。较厚的羊毛制品穿在身上感觉很沉重，所以我最近不太爱穿，而摇粒绒质地轻盈，渐渐成了我在寒冬中的御寒至宝。

毛衣和针织外套等品质优良的单品极为耐穿。只要几件不同颜色的V领和圆领针织上衣，外面套上针织罩衫，就可以实现省心省力每天不重样的花样穿搭。多选择易于组合搭配的单品，即使衣服数量不多也能打造出多元形象。我很喜欢通过配饰点缀素色的衣物，在我的配饰清单里，冬季是喀什米尔羊毛围巾，夏季则是色彩略为缤纷的皮包、雪纺领巾或纯麻领巾。有了这些单品就足以让我享受穿搭乐趣，同时兼具舒适性。我对珠宝毫无兴趣，目前戴的单钻耳环也是从18年前一直戴到现在的，其间当然会取下清洁。我认为用它来点缀耳朵已经足够了。我既没有戴手表的习惯，也不习惯戴戒指，因为每次戴上就觉得自己好像被什么东西束缚住了。

不过，最近受到嫂嫂的影响，我也开始对古董别针产生兴趣了。别针没有尺寸合不合适的问题，对于以素色衣物为主的我而言，说不定是恰到好处的配饰，而且还是我以后旅行时享受寻宝乐趣的项目呢。

重新检视现有衣物

跟所有的物品一样，我在确定好收纳衣服的空间后，就只保留能放进空间中的品项。我的衣服收纳空间是一个宽96厘米、高230厘米的衣橱，这样对我来说已经很够用了，因此，除了放置于玄关的大衣之外，不分季节，我的其他衣物都收纳于此。

衣橱在有富余空间的状态下使用起来比较顺手，所以当我觉得衣橱太过拥挤时，就会趁衣服换季的时候重新检视一番。有些单品很好穿，有些便于清洗，有些令人特别喜欢，所以，总是重复穿同样几件衣服的情况非常常见。除了这些必定会穿的单品之外，其余衣物我都会一边重新试穿，一边思考该如何处置它们。面对几件去年几乎未穿的衣物，虽然我也时常冒出让它们今年重出江湖的想法，不过原则上，我只保留实际在穿的衣物，假如连续两季都没穿到，就会把它们处理掉。倘若无法下定决心，则会视当时衣柜的剩余空间来决定。

当生活中有巨大转变时，衣橱也会随之产生变化。例如我在退休后，自觉以后再也不会穿上班时的套装，只好把它们处理掉。看待衣服要根据实际，不能单凭款式来评估，假设一条裤子已经太紧，通常不太会发生"总有一天还会穿得下"的情形。买衣服时也是同样的道理，当你看到喜欢的款式，要想清楚你究竟是真的会把它穿在身上，还是只是渴望拥有？同时，也要将穿着的场合考虑进去。

日常及正式场合必备衣着

平时我多忙于制作料理、烹饪教学以及采买食材，体力劳动偏多，所以自然会挑选易于活动且容易清洗的衣物。周末出门多数情况下会顺便进行健走运动，不过我不会特意穿运动装，而是偏爱以不累脚的休闲鞋搭配平时装扮，如此一来，就能以同一身装扮直接去逛街或用午餐，无须回家换装。

工作上如果遇到比较正式的场合，例如参加演讲等，我会根据季节，以七分裤和平底鞋，选搭衬衫、两件式上衣、针织衫、西装外套等，并围上领巾，借此增添色彩点缀。与朋友到餐厅共进午餐或享用较为高档的晚餐时，同样是以这样的风格示人。

随着年龄增长，无论生活风格或出入场合都与之前有所不同，因此，所需服装的风格也会连带产生变化。写字楼里的内勤人员、经常参加家长教师联谊会（PTA，Parent-Teacher Association）的家庭主妇皆是如此，就算是为了学习技艺而外出的人，衣着风格也会因为学的东西是茶道还是需要前往健身房而有所不同。对我而言，只要有轻松风格的衣物和略为正式的服装，就足以应付生活中会遇到的各种情境。

另一个较常出入的大型场合应该就属婚丧喜庆了吧。我为参加婚礼准备的礼服是和服，因为和服怎么穿都能展现华丽风采，我觉得这点很完美。不过，不知道是否是年龄的关系，最近我几乎很少参加婚礼了，现在最需重视的或许是丧服。我的丧服是连衣裙加外套的套装，在这种场合穿着的服装，表现出敬意比时尚更重要。只要生活在社会之中，总有一天会需要用到丧服，所以还是想先准备起来，并不会觉得晦气。女性在挑选丧服时尤其要注意，务必确保裙长过膝，而且布料不得有光泽或透肤。临阵慌忙搭配很容易出错，所以，最好连同黑丝袜、鞋子、皮包等搭配物一同整组收好。

保留回忆的方法

从小到大的纪念物品

充满回忆的物品整理起来最为棘手。如果有足够的收纳空间，能保存的大家应该都想保留下来吧：有特定回忆的衣服、配饰、玩具、书信、大学毕业论文、小学笔记本……真是数也数不完。然而，假如把所有对自己有意义的东西都留下来，家里只会堆满过去的回忆，新物品将再无容身之处。其实，就算没有这些物品，回忆一样会长存在人们心里，诸如旅行、听演唱会、参加运动会等回忆，只要遇到共度那段时光的人，往事便会历历在目，聊个没完。人生中所经历的一切，即便没有留下有形之物，仍旧会被人们记在心上。我外公曾和我说，每当夜深人静时，他就会想起过往发生的种种。由于战争，外公离开了家乡，他26岁以前的物品一件也没能留下，但关于物品的回忆却清楚地烙印在他的脑海里。

我爸爸因为工作需要而经常调职，所以我从小每隔几年就需要跟着大人搬一次家。然而，总不可能每次搬家都带着全部家当，而且我们也没有老房子可供放置不再使用的物品，因此，我妈妈在无计可施的情况下，养成了只做最低限度打包的习惯，而这个习惯也传给了我。小时候每到暑假，我就会到远在德国的外公外婆家长住，当时妈妈总是交给我一个旅行包，要我将暑假期间的必备物品放入其中。尽管是每年的例行公事，不过现在回想起来，那让我学会了如何去判断什么才是真正的必需之物。

虽然我几乎没有保存任何孩提时代的纪念品，不过有一样东西还是留下来了，那就是一直陪在我身旁的猴子玩偶"巴比酱"，至今它仍是我爱惜的宝贝。自我一岁生日收到它以来，到哪儿旅行都带着它，直到现在我还把它摆在床上。只要有了"巴比酱"，我就不再需要其他纪念品了。

住在鹿儿岛的嫂嫂保留回忆物品的方式极妙。嫂嫂一直保留着小时候过七五三节*穿着的和服，然而其布料已经破损，无

---

*编注：每年的11月15日是日本的七五三节。七五三节是特别为3岁、5岁的男孩以及3岁、7岁的女孩举办的传统节日，目的是庆祝孩子成长，祈祷他们今后健康平安。在七五三节这天，父母会给孩子吃寄托着长命百岁的美好愿望的糖果——千岁饴。

法再传承下去。于是，嫂嫂将尚完好的布料裁下来做成缩小版和服，并裱起来当作装饰。充满回忆的和服若是收在衣柜深处，就难有机会欣赏，把它拿来装饰墙面的话，随时都能回味。

若是充满回忆的物品还能使用，更是好事一桩。我爸爸的老家曾发生火灾，整栋屋子烧得只剩下一个茶柜。后来爸爸调职，我们把茶柜也一同搬到了新家。大约在四年前，妈妈把它送给了我，现在我把这个珍贵的家具当作电视柜使用。妈妈曾将茶柜改造成吧台柜，在内侧贴上镜面瓷砖，直到现在，每当我打开小小的拉门往内瞧时，都会回想起小时候看着这个茶柜的情景，当时总觉得镜面瓷砖好像玻璃球，好美呐。

信件、照片

信件也是让人想要全部保留但又很占空间的物件。其实，就算把它们全部保留下来将来也不太可能重新阅读。因此，若是内容特别，或是有亲朋好友亲笔描绘了图画的信件，我会妥善收藏；至于其他的，尽管有些过意不去，但我看完就会丢掉。若是漂亮的明信片和生日卡片，我有时也会暂时将它们钉在书桌前的软木板上欣赏。不过，软木板也很快就会满了，所以当我有新的东西想钉上去时，就会把旧的取下更换。圣诞节卡片和新年贺卡也仅仅保存一年，收到新的我就会将前一年的处理掉。

照片随着时间更是会不断累积。小时候，我妈妈非常勤快地整理相册，时不时拿出来回顾，十分有趣。但是，她后来似乎疏于整理，导致照片越积越多。有一回她决定要把每一年的照片浓缩到一本相册里去，即便如此，她所拥有的45本相册，还是找不到足够的空间来收纳，回忆为什么总是怎么保存都不够呢？

如今大家都是拍摄数码照片，照片可以存放在手机或电脑中，不占据实体空间，很便利。可是，也不能因为这样就毫无节制地拍摄，档案太多，你就很难找到自己想看的那张照片。我平常不太乱拍照，一旦手机内存中的照片量累积到一定程度后，我就会将它们载入电脑并整理保存，基本上是依照时间顺序和事件来建立资料夹。至于以前拍摄洗出来的照片，我也几乎没有将它们贴在相册上，而是全数收在大箱子里，打算等到以后有时间再来慢慢整理，那时应该也会充满乐趣吧。

浅谈家具及家电

深思熟虑后，选购适用一生的家具

刚结婚时，我家所有的家具就是婚前就有的一张餐桌、四张餐椅，以及婚后新买的床组。由于屋内原本的装潢已包含收纳空间，当时觉得有这些家具就足以展开新生活。有些人会在搬家前就把所有家具买齐，但我没办法构思出这么清晰的蓝图，因此选择先住进房子，再慢慢添购。

结婚后有一段时间，我总是很享受周末与先生一起逛家具店的时光——沙发、茶几、碗盘收纳柜、灯具……一点一滴地构筑完整的家。

购买家具是大事，一旦买来了就很难更换或丢弃，所以应该仔细评估、想清楚自己今后希望过怎样的生活，找出符合理想的家具，并仅购买真正满意的品项——这就是德式作风。书架和橱柜的材料若是耐用的实木，基本上都能以50年或100年为单位使用下去。只要经济条件许可，即使多花一点钱，我也会买只要好好珍惜就可以使用一辈子的家具。

我偏好经久耐用的家具，其中尤以天然材质且质感会随着时间增长的家具为佳。我家有好几个购于古董店的日式橱柜，我不是刻意要买古董家具，只是在寻找的过程中，完全符合条件的刚好都是古老的日式橱柜。将这些橱柜摆在乏味的白色壁纸前，其历经风霜的质感恰巧能为屋内增添一份温暖，于新旧之间形成完美平衡。

沙发与椅子若定期保养，能长久使用

布艺沙发和椅子的布面，使用久了无论如何都会有磨损。我大约每隔10年就会替这些家具换一次布面，换上当下自己喜欢的花色，屋内气氛也会跟着焕然一新！

沙发和椅子的坐垫弹簧也难免会随着时间的流逝而渐渐失去支撑力，这时，在更换布面的同时，就可以请师傅顺便修复一下。对德国人来说，若觉得定期更换布面很麻烦，一开始就会选购耐用的皮沙发。我外公的皮沙发已经用了50年了，外观仍旧美丽如新。然而，日本的天气较潮湿，皮制品容易发霉，所以需要我们时时注意及保养。

　　家具中，最难挑选的就属餐椅了。如果不买配套的桌椅，要找到配合餐桌款式的餐椅不是一件容易的事。如果选购的餐椅线条纤细，那么其骨架就会比较脆弱，用不了多久餐椅就开始吱吱嘎嘎响。在我看来，坚固耐用的产品尽管价格较高，却可以长长久久舒适地使用下去。当然啦，若坐姿不良，例如很多小朋友坐椅子时，喜欢只用脚后跟着地，摇啊摇的，这样过不了多久，无论多贵的椅子都会出现问题。由于餐椅的布面面积很小，自己更换不是件太难的事，我通常会在促销期间选购喜欢的布头，如此一来就能享受定期更换椅面的乐趣。

关于客厅家具

　　一般在西式客厅中，基本的家具有沙发、椅子及茶几。我家的沙发两侧皆放着小桌子，桌上有间接照明用的灯具及阅读灯。而餐厅里有餐桌与符合家中人数的餐椅，卧房中则有床组、床头柜与衣柜，床头柜上也摆放着阅读灯。另外，书房里会根据人们的需要放置书桌和书架。

　　原则上，这样的家具摆设已经很够用了。假如家里空间狭小，与其琐碎地购买尺寸偏小的家具，最后却觉得不合用而必须再购买其他小家具，倒不如直接买一个稳当的大家具，如此一来在视觉上也较具冲击性。日本的传统和室里设有凹间*，凹间是空间中的视觉焦点，有些欧洲国家客厅里的暖炉也有同样效果。在现代家居陈设中，凹间的角色反倒落在电视身上了。其实不妨在客厅放置一个存在感十足的橱柜或五斗柜，使房内的摆设强弱分明，然后再于其上摆放喜欢的装饰品或花朵，这样人们一进入屋子，视线就会被吸引，周遭就算有些杂乱也不会感到碍眼。

　　我家的家具色系都以基本色为主，和我挑选衣物及餐具的想法相同，即先用白、黑、棕等基本色营造整体感，再利用色彩鲜艳的小配件与布料加以点缀。布料是消耗品，也比较容易购买及更换，因此，我选择借由靠枕、沙发盖毯和地毯等布制物品来增添变化，我也以定期改变屋内气氛为乐。最后，我一定会在墙上挂画。画之于房间就如同配饰之于服装，一挂上画，视觉重点就出现了。画除了能增添房子的风格和色彩之外，夜晚点灯后，画框的玻璃也会反射光线，映照出漂亮的光芒。我妈妈曾对我说，家里要有画，才称得上完整。

---

*译注：和室里的内凹空间，其中常有挂轴、盆栽或艺术品等装饰。

打造放松身心的间接照明

日本和德国对于照明的想法大相径庭。在德国，依据不同场所，会有不同的照明方式，例如公司的办公室、医院的门诊楼、银行大厅等公共工作空间，就会于天花板装设灯具，打亮整个环境；相对的，住家、酒店、餐厅等放松休息的场所，多半通过间接照明来营造气氛。当然，家中的厨房、书桌、洗手台等作业场所，也会安排充足的光线。而客厅等地方，则会为了方便阅读而摆设阅读灯。

因为我们的工作原则上会在白天完成，傍晚到就寝前属于放松时间，这时室内便无须灯火通明。尽管天花板有灯也不错，但是，舒服的间接照明绝对不可或缺。我家客厅里，账簿柜、和服柜及边桌上都有间接照明用的灯具，晚餐时间有时也会点蜡烛。我发现，随着光线变暗，身体也会渐渐切换至睡眠模式，所以一就寝马上就能睡着。

日本人的四季智慧

相较于德国，日本的冬季和夏季温差非常大，我住在京都时领悟到，房间摆设就和衣服换季一样，也应当随着季节变换。

虽然我的生活风格比较西式，不过到了夏季，为了营造清凉感受，我会将冬天的布窗帘换成日式竹帘。在京都可以找到非常美的竹帘，但是因为我家房子是租的，我不想花太多钱在暂时性的物件上。于是我决定在超市购买便宜的竹帘，再利用麻绳将竹帘安装在窗帘轨道上；卷起时，就以手工艺品店的和风绑绳来固定。我还有一扇芦苇立帘，夏天时立于阳台看起来十分凉爽，这正是日本传统中特有的美好智慧。

另一个能配合季节变换的物品就是放置在沙发上的盖毯。冬天我使用的是厚重的羊毛毯，夏季则改为轻薄的羊毛或棉质织品，这些盖毯为我的午睡时光增添了更多舒适。

这些季节性的物品，不用时我会将它们收进纸箱，并且在纸箱上标注物品名称，接着将它们收纳至家中的储藏室。电风扇、电暖器和热水袋等同样被我收在储藏室里，换季时才取出。

废弃物的处置——案例分享

　　丢东西是件麻烦事。以适合的方式处理家中不要的物品，也是一门学问。以前，不要的物品似乎只有丢弃一途，不过最近有越来越多的渠道可以贩卖二手物品，建议大家多加利用。

　　报纸、杂志和图书最容易快速累积。虽然我偶尔会剪贴报纸，但在多数情况下都是看完就直接投入书桌下的纸类回收箱。我不想连看都没看就把报纸丢掉，所以会把尚未阅读的报纸搁在书桌旁，有空的时候，或是在搭乘电车或飞机时拿来阅读。至于杂志和图书，则给它们固定的收纳空间。若是只看一遍的书，我会设法转送给对它感兴趣的人，或是移到待处理的书架上，再找机会清出去。假如书本数量超过收纳空间，我就会大整顿一次——杂志捆绑好拿去回收，图书则送到二手书店。其中保存良好的烹饪图书，我会询问专门的烹饪图书回购商；而有些比较专业的图书，我有时也会将其信息上传至亚马逊网站售卖。

我本来就不会购买大量衣物，拥有的服装都十分百搭。若某件很喜爱的衣服穿到真的太旧了，也只好抱着"能穿到这个地步已经很厉害了"的心情，将它送到旧布回收场处理掉。旧布是可以回收的资源，无须当普通垃圾丢掉。另外，若家里囤积太多老旧毛巾，我会将其送给经营漆器店的朋友，据说制作漆器的过程中，会大量用到柔软的旧毛巾。至于名牌衣物，以及几乎没穿几次的衣服，我会将它们捐给物资回收店WE SHOP 21。除此之外，假如有无法作为商品出售但仍能穿着的T恤等衣物，也可以将它们捐给非营利组织。

　　我家玄关有个放待处置物品的篮子。不再使用、不再需要，但是其他人还能用的物品，全都会放入这个篮子。获赠但用不到的礼品，同样会放进去，将送礼人的心意收在心底即可。此外，有时以为可以当伴手礼而预先购买，但却买太多而剩下的物品，或是本来买来想用，却一直都没有使用的物品，一样被我放进这个篮子。如果篮子满了，我就会向家附近的超市索取瓦楞纸箱，妥善打包后再送往物资回收店。我每年会这样送两三次多余的物资出去。

　　丢弃物品好像很浪费，然而，明明不需要却堆在家里，其实更浪费。东西原本就是拿来使用的，若是自己用不到，应该有人比自己更需要。物资回收店在贩卖这些二手商品后，会将收益用在解决环境问题、贫困问题和人权问题等活动上。将物品送往物资回收店的运费由提供者负担，销售商品的收入也不会给提供者，完全是公义性质的捐赠。

古董玻璃水壶里插着白色玛格丽特鲜花。我喜欢用单一花种来随兴地插花，不需要购买专门的花瓶，具有功能性的水壶就很好。

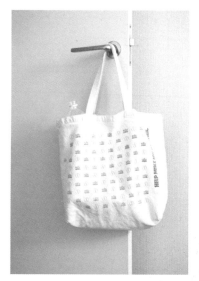

左上/把空塑料瓶收在环保袋中，待下次前往超市时一起带过去。右上/天气好的时候，我一定会将窗户打开，让空气流通。下/工作室内的书架是为了收纳自己想保留的图书，若书本数量超过此书架的容量，我就会重新审视并将多余图书处理掉。

舒适的卧室。每天早上铺床时，我会先将空气打入羽绒被再对折。德国人没有使用床罩（bed cover）的习惯。陪伴我长大的猴子玩偶"巴比酱"会守护我的床。

客餐厅内的用餐空间。左右两侧的古董柜各司其职,左柜负责收纳用于餐桌布置的亚麻织品,右柜里放的则是玻璃杯、其他杯类及刀叉匙。

第 2 章　物品收纳篇

沙发区。中央摆放茶几，
沙发两侧都有边桌及提供
间接照明的灯具。

整理清爽的房间令人安稳。在放松身心的咖啡时间，我喜欢阅读室内设计类的图书。

我在客餐厅的古董柜内增加层板，以便收纳玻璃杯。将同种类的杯子由内而外纵排，即能一目了然，十分便利。相关内容请参见本书第21页。

我心爱的亚麻织品。左侧是我经常使用的桌巾，都是素色的；可以用右侧的餐巾增添花样，变换餐桌气氛。

我很喜欢的访客专用白餐盘。大尺寸、中尺寸餐盘，再加上汤盘是西式餐具的基本组合。最下方的乳白色餐盘盘沿有圆点浮雕装饰；而正中央略带灰色调杂点的餐盘，是旅德韩国艺术家LEE的工作坊作品。

即便是白色餐盘，只要利用桌
巾和餐巾的搭配，就可以创造
出不同风貌。花朵图案的餐巾
纸配上蓝色桌布，可以营造出
清新舒爽的气氛。

以浅紫色餐巾搭配深咖啡色桌巾，十分适合具有时尚感的精致晚餐。图中的酒杯和刀叉匙皆为德制古董。

自家专用的早餐餐具组合。左边的白色容器是奶油盒，平时我会将面包、火腿及奶酪等放在木砧板上，也会在晚餐时间使用白餐盘。

第 2 章　物品收纳篇

自家专用的和食餐具基本上就只有这几样，分别是饭碗、汤碗、蓝染古董分食盘、方盘，以及三个可以互相堆叠的木制深盘。

自己每天使用的菲仕乐牌不锈钢锅。分别是两个直径18厘米的单柄锅、一个同样大小的双耳深锅，以及一个直径25厘米的汤锅。除此之外，再加上一大一小两个平底煎锅就足够了。

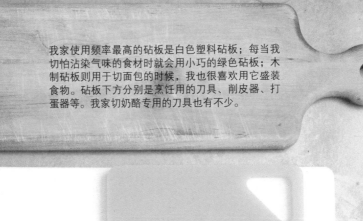

我家使用频率最高的砧板是白色塑料砧板；每当我切怕沾染气味的食材时就会用小巧的绿色砧板；木制砧板则用于切面包的时候，我也很喜欢用它盛装食物。砧板下方分别是烹饪用的刀具、削皮器、打蛋器等。我家切奶酪专用的刀具也有不少。

厨房的操作台面尽量不放东西。坚
固的木制长桌是我的第二工作台，
它是我的宝贝。我的厨房水槽内并
没有放置厨余桶，我会在四角深盘
中铺报纸，用以盛装生厨余，每次
煮完饭都会把生厨余包起来丢掉。
厨房尤其需要保持清洁干爽。

食品存货被保存在无印良品的塑料收纳盒里。收纳时，我将它们大致分为和食、洋食、点心和巧克力等大类，从外头就能看见里面装了什么，十分方便。

厨房里的木制长桌抽屉里放着厨房纸巾、保鲜膜和铝箔纸等，保鲜膜共有大、中、小三种尺寸。我几乎不预备存货，用完才会再买。

我们家每周会有两天吃德式晚餐。基本菜单有裸麦面包、火腿、肝酱和奶酪，以及依季节变换的沙拉。隔天早上大家都感觉肠胃舒爽无负担。

晚上是悠闲自在的放松时间，所以我仅打开间接照明的灯或点上蜡烛。温和的光线不但有助于放松身心，还能增加睡意。

我的基本款穿搭。衣服一
定要选择穿起来舒适的天
然材质，例如素色亚麻衬
衫及质地轻薄的针织衫，
然后再利用有花样的长披
肩和丝巾点缀。

我很喜欢穿的鞋子。左边是我平时常穿的夏日休闲鞋，右边则是我一次性买了三种
不同颜色的那款平底鞋。

我没有整理相册的习惯，但我会将自己喜欢的家族照片装进相框挂在墙上。随时都能看见家人的感觉很好。

重要文件分门别类归档，例如银行寄来的信件、不动产证明、发票和收据等，并且按照时间顺序整理收纳于固定地方。

我会将寄至家中的文件先放进标着"待归档"（TO FILE）的盒子里，待盒子被放满的时候集中整理。

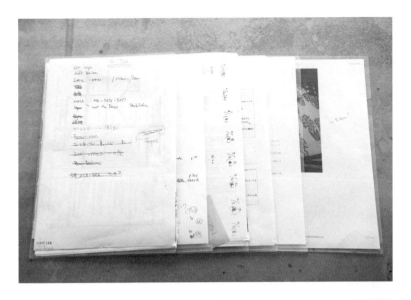

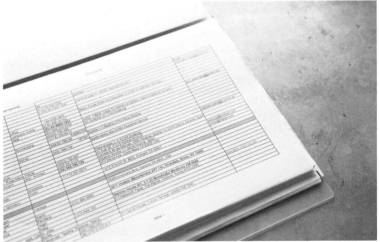

上/根据属性将重要备忘录和文件分类，并利用透明资料夹收纳。只要将其分成工作、旅行计划等大类别，即可一目了然。下/将重要信息全部集中在同一本资料夹，例如，家人的联系方式、银行卡号、护照号码等。若发生需避难的紧急状况，或许只要带这本资料夹就好。

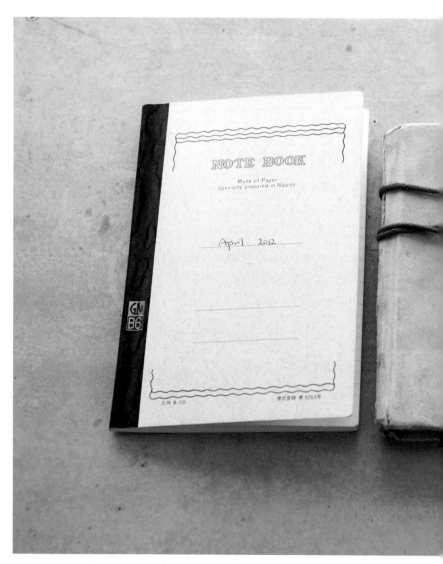

左边是什么都写的备忘录，例如工作随笔、自己在意的事，以及展览信息等，我会全部将它们按照时间记在这本笔记中。中间是我的专属食谱笔记，仅记载食材，没有步骤。最右边是日程表。我喜欢以"月"和"周"为单位排印的日程表。

书桌前的小钉板。我会将喜欢的信件和卡片暂时钉在上面，好好欣赏一阵子。钉满后就会将其中的信件或卡片换新。

第 3 章　资料与时间管理篇

Was du heute kannst besorgen,
das verschiebe nicht auf morgen.

今日事，今日毕。

如今我们都生活在信息的漩涡之中，虽然有些是自己主动获取的信息，但还有更多是单方面灌输进来的。不仅如此，现今的媒体形式也不再局限于报纸、杂志、电视和广播，随着网络及智能手机的普及，我们接触信息的时间也越来越长。假如不刻意避免信息的推送，我们能够安静放空的时光将不复存在。

关于健康、瘦身和美食的信息确实很引人注意，然而，排山倒海而来的新知根本无法让人消化，更别说好好吸收。不知道是不是我比较没用，倘若接收过多信息，就会觉得很焦虑，甚至会头痛。为了避免这种情形，我在吸收信息之前，会预先判断其是否必要。比如，我早上看完新闻后就会关掉电视；打扫和烹饪时，虽然会开着广播或听音乐，借此提振精神，但是除此之外的时间一律关掉广播或音乐；送到家里的广告传单不看就直接处理掉；只买自己真正感兴趣的杂志……我会想尽办法阻断多余的信息来源。

仅保留必要信息对我来说仿佛卸下肩头重担，身心都舒畅多了。不过，保留的信息若在需要用到的时候找不到，信息就无法发挥用处，所以我一直用心地以适合自己的方式整理信息。

现在让我们来谈谈时间。人生每个阶段的过程固然重要，但是若只是漫无目的地活着，时间将稍纵即逝。我外公以前经常说，他在充满无限可能性的19岁被征召入伍，将人生最愉快的时光全献给了战场，所以他希望能早一点退休，尽情享受后半生中专属于自己的时间；也正因为如此，当下他更要竭尽全力地工作。后来，外公没等到退休年龄就递上辞呈。工作期间，他曾在西班牙置产，如今，长期居住在西班牙的度假小屋成了他最快乐的事。大家不妨也重新审视一下自己此生拥有的时间吧！

德国俗谚说："今日事，今日毕。"（Was du heute kannst besorgen, das verschiebe nicht auf morgen.）

人一生中最珍贵的资产就是时间。流逝的时间一去不复返，因此，对于有限时间，请大家用心思考、适度整理，在不浪费的情况下度过每分每秒。

重要文件的归档方法

我们经常保存大量的个人信息，不过，真正不可或缺的是哪些呢？想一想，若发生灾难时，该随身带上什么呢？银行卡、有效身份证件、保险单、不动产相关文件，还是充满回忆的照片？

我外公会把所有重要文件收在同一个文件夹里。无论是银行相关文件、不动产相关文件、保险单还是更新中的遗嘱，只要是他认为重要的文件，全都会用打孔机打洞，整理成同一份档案。尽管有些文件稍微依项目分类，不过外公基本上是以时间先后来归档。他那本重要档案，目前已经累积到20厘米厚了。

整理重要档案是件困难差事，要整理到清楚明了，更是要费一番心思。通常重要档案不只是要让自己记得放在哪里，家人也都要知道，如此一来，当需要特定文件时，才不会手忙脚乱找不到。

若有寄到家里的文件外公都会立即拆开，看完就归档。我也曾觉得自己必须这么做才行，然而却怎样也无法像外公那么勤快，拆开后的文件就算集中在某个地方，也会很快就变得杂乱无章。由于甚感不便，所以我开始思考该如何是好，最后决定制作"待归档盒"。收到文件的当下，我就立即拆开，而且是从信箱走到玄关的过程中就全部拆完，并在手上先行区分出"重要信件""文件"，以及不需要的"广告传单"等类别。待回到家后，广告传单就直接回收，重要信件和文件则放进"待归档盒"。大约三个月后，这个盒子就会满了，届时再将所有文件摊在地上，加以汇整并归档至个别文件夹中。

公用事业费用账单等基本文件，如银行单据，信用卡账单，保险费、水费、电费、燃气费、电话费及医疗费用单据等，必须全部归档。虽然它们本来只是用来确认缴费成功的文件，确认完成后大多数情形下就没有其他用处了，然而，医疗费用单据有时是医疗保险报销的凭证之一，因此必须保存；而有时，你也会因为某个原因而突然需要查看信用卡消费明细，不是吗？由于我也经营着自己的公司，所以有许多年度结束前需要用到的必要文件，那些文件我会依照项目大致分类（银行相关、保险相关、公用事业费用、通信相关等），放入购于百元商店的透明资料袋内，总之先保存一年再说。公司的账目相关文件会在年尾一起汇整，那塞满文件的资料袋也会一并处理，超过一年的收据就可以丢了，汽车保险等一年就到期的文件，只要超过期限就不再需要，所以一旦收到新文件，我就会立即把过期的丢弃。

这类文件一不注意，就会永无休止地增加，定期重新整理非常有必要。假如我们一直保管着已经失效的文件，那么在寻找必要文件时就会浪费不必要的时间和精力，所以仅保存所需文件即可。顺带一提，公司的决算书表不同于个人文件，日本法律规定应保存至少七年，因此，我会准备公司专用的瓦楞纸箱，待每年决算申报完成后，就会将会计师给的文件放入当年的信封袋，再收纳至该纸箱内。

除此之外，对于其他感兴趣的信息，我也会稍微归档，例如关于德国或日本鹿儿岛等以后一定会用到的信息，我就会保存起来。不过，这些信息若累积太多，到最后也不一定会拿出来翻看。信息也有时效性，我总是严以律己，设法将信息量控制在最低限度。

将必要信息整理至同一本笔记

大约从四年前开始，我和先生就经常往返于东京的家和我先生在鹿儿岛的老家。不同于偶尔为之的旅行，那是定期进行的往返行程，所以我们希望在抵达后马上就可以展开日常生活，为此，我们在这几年下了不少功夫。

刚开始往返于两地之间时，我们不免感到有些不便。每当离开东京，我一定会停止订报，有时都已经抵达鹿儿岛机场了才想起这回事，然而手边却没有报社的联系方式。或是应该在离开前联系某人，结果竟忘了，而且因为不是常联系的人，所以手机上没有对方的电话，通讯录又放在东京——这样的事情层出不穷。因此在思考能否脱离这种困境的过程中，我开始将重要信息汇整至同一本笔记本里。只要把所有可能用到的重要信息整理在一起，并且随身携带，无论人在日本鹿儿岛或德国，应该都不会再遇到上述麻烦了。

需要整理在同一本笔记内的信息因人而异，不过我还是介绍一下我的笔记本内容吧。首先，我会用表格软件把所有重要信息如护照号码、银行账户号码、驾照号码等都输入，再列印出来。再来就是网上银行的相关文件，有了它们，无论身处何地都能转账。另外，对于各网站的会员账户和密码，我会全部记在另一个表单上，一样列印出来放进这本笔记本中。要记住所有的会员密码实在非常困难，尽管我大多选用类似的密码，但因为每个网站的密码设定要求不同，导致管理起来更加棘手。这本笔记内还有常用地址及电话，包括家族专用的电话通讯录，这些信息全都会预先做成表格打印出来。再来就是刚才说的报社电话、鹿儿岛停车场电话等在鹿儿岛及东京之间往返所需的资料，还有生日日历、忌辰日历等对我来说十分重要的信息，也全数放在里面。

把如此重要的资料全部集中在同一个地方，不会很危险吗？的确，这本笔记如果遗失就糟了，但是假如不这样做，那么多信息，我终究记不住。而且将这些资料分开放，管理起来更是麻烦。当然，我平时不会随身带着它到处走，而是妥善地收在家里。最初，我本来打算鹿儿岛放一本、东京放一本；然而，若是只更新了其中一本而另一本却没有，反而会造成混乱，最后就放弃了。总之，带着这本笔记时，我的心情就如同保管护照及钱包，绝不离身，到目前为止也未发生任何问题。

日程表和备忘录

人们常常不经意地将备忘事项随手到处乱写，等到需要时，却怎么也想不起来自己写在哪里。因此，最好准备一个专门用来记载备忘事项的笔记本。像日程表、空白的小笔记本，以及用完即丢的便条纸等，它们分别具有不同用途。

我所选用的日程表，在每个月的第一页会有一份跨页的当月历，大致的预定行程可以写在这里，一目了然，非常便利。当月历的后面则是一周一跨页的页面，较详细的行程备忘事项、烹饪教室的待购物品等，就可以写在这里。

另外，我会随身携带一本32开大小的笔记本。无论是想到的事情、在意的事情、有趣展览的票根、新闻剪报或收到的明信片，只要是想保存的记录，我都会依照时间先后汇整在这个笔记本里。偶尔回顾一下，仿佛看见自己过往的活动轨迹，很有意思。

最后是便条纸。我会在废纸的空白面写上"待办"字样，并将必须处理的事项记在上面，各个事项之间没有特定顺序，想到什么需要补充的就随时写上。每天早上，我都会浏览此清单，并根据它来计划当天行程。然后，每完成一件事就将其划掉，看着线条逐渐增加的便条纸真是令人心旷神怡，而当天剩下没做完的事项则会誊到另一张便条纸上，并把旧的那张丢弃。

便利贴的功能和便条纸差不多。日程表上的当月历的空格通常很小，假如写太多字会变得很乱，所以若是既定的行程，我会先写在便利贴上，再贴到日程表上，待结束后就可以撕掉。如果近期有展览活动，我会在便利贴上写明展出时间，并将便利贴贴在日程表接近结束日期的位置；倘若有想看的电视节目，或者必须在某个期限以前致电某人，我一样会先记在便利贴再贴在日程表上，借此提醒自己。

各类卡片的整理方法

对于开户银行以及购买保险的公司等，选择的银行或保险公司数量越少越轻松。如此一来，需缴款的件数减少，每个月寄达家里的文件变少，不仅管理起来容易许多，搬家时变更地址也不再麻烦。我经常搬家，之前有次忘了向某个银行变更地址，直到一年后才发现。因此，趁着那次机会，我开始将身上各式各样的契约关系精简至易于管理的范围内。

信用卡基本上一张就够了。现在的银行金融卡可以当签账卡，而且便利商店也多设有提款机，就算身上没有现金，也不会有影响。假如担心发生卡片无法使用的情况，顶多再备一张即可。我有两张普通的信用卡，以及一张网络购物专用的信用卡。用于网购的银行账户不同于平常的账户，里面额度很低，等收到交易明细，确认没有问题后我才会转账还款，所以就算网络交易让人有些担心也没问题。

有些人会搜集各个商店的会员卡，但是我除了经常光顾的店家之外，完全不会申请。首先，我不喜欢在自己身上强加"不去那家店就会吃亏"的想法，更不想因为好不容易去了那家店却忘记带会员卡，再次出现吃亏的心情。若店家要求提供个人资料，我尤其不愿入会，因为如果不知道该店家管理个人资料的方式，我就不想把资料提供给他们。我目前拥有的会员卡仅有我家附近超市的集点卡、洗衣店会员卡，以及因为商品金额庞大而申办的家电量贩店会员卡。也由于我没有到处留资料，所以我几乎不会收到广告传单，感觉神清气爽多了。

制作自己的食谱笔记

料理不仅需要准备食材，也需要处理善后。不过习惯了之后，真正令人苦恼的其实是决定菜单。菜单想好后，动手煮不是什么难事。

我发现，能让自己减轻每日料理压力的方式，就是研发几道拿手菜。每次都要神经紧绷地看着食谱做新料理的话，反而无法累积自己的料理经验，还不如反复轮流烹煮几道自己和家人都喜欢的料理，培养出无须看食谱，就能轻松制作的能力。当然，如果你很有实验精神，那就另当别论了。制作第一次尝试的料理，最困难的部分就是必须仔细地遵照食谱步骤进行，这非常耗费心神，更别说通常一餐饭不会只做一道菜。

以前，我不看食谱就能做出具有一定水准的西餐，但是却怎么也掌握不好日式料理，每次都是一边看着食谱，一边烹煮。在东京的家里，我会挑选想看的食谱来参考，但是回鹿儿岛老家探亲时，总不可能带一大堆书回去。因此，我为自己制作了一本食谱笔记，里面只写了自己和家人喜欢的菜肴的食材，没有步骤。这是我在蓝带烹饪艺术学校学到的习惯。不过，假如是很复杂的料理，我还是会写上步骤。

例如姜汁烧肉，我只会注明味醂和酱油的比例（1∶1），其余就依照当时的人数来调整即可。这种调味比例适用于大部分的日式小菜，这件事我也记在食谱笔记里。不过，在我写完的当下就记在脑中了，如今我可以随心所欲地制作出各种小菜。炖煮料理也是如此，只要了解家人喜欢的调味比例，即可烹制出丰富的炖物。若懂得怎么调制白酱，任何焗烤料理都难不倒你；学会胡麻酱做法，就能拿来搭配各式蔬菜。

大师名厨的食谱当然更加细腻精致，介绍美味佳肴的食谱也比比皆是，若有空闲时间，挑战一下也颇有乐趣。不过我认为，对平日的家庭料理而言，能兼顾效率与营养才是更重要的。只要事先将基本事项写进笔记里，当苦恼该做什么菜的时候，便能靠它提供灵感。如此一来，生活一定会轻松许多。

关于赠礼

日本的送礼文化非常发达，尽管这最初是一种体贴人的传统，但在这物资富饶的时代里，有时不免让人觉得这样的习惯已经有些不合时宜。比如有一次朋友刚生完宝宝，为表达祝贺之情，我便送了她礼物，结果对方居然立刻就回礼了。明明生产后应是最手忙脚乱的时期，却因为我的赠礼而让对方费心，我感到十分抱歉，原本开心的心情也大打折扣。后来，我在送礼的时候都很苦恼，想要道喜，但又不想让对方费心回礼，导致赠礼变得有所节制。不过，也许这也没什么不好吧。在日本，"赠礼"这种社交行为，想必有其特殊意义。

德国没有这种礼尚往来的文化，通常人们在收到礼物后，并不会马上回礼，而是视自己的时间方便来处理。假设受邀参加庆祝聚会，虽会根据场合带礼物过去，但通常都是质朴的小礼物而已。当然，德国人也有送生日礼物的习惯，但原则上只送给小朋友；若对象是大人，便多以赠送实用物品为主。几年前我外公在迈入90岁时举行了庆生宴，我正思考该送什么礼物时，外公的朋友向我们透露他想要的东西。于是我们全家人合力集资，为外公购买了一组能让电视声音更加清晰的音响。尽管不是什么奢华的礼物，却是外公最需要的东西，像这样的礼物就十分有意义。

日本和德国庆生的方式迥然不同。在日本，是大家请寿星吃饭；在德国则相反，出钱招待的是寿星，借此感谢大家平时的照顾。我外公的庆生宴同样是由他自己策划，无论是邀请名单、挑选餐厅或寄送邀请函，全不假手他人。庆生当天的费用，也由外公一个人负担。我在德国的妹妹曾说："我生日前一天忙得不可开交，不但要亲手烘焙生日蛋糕，还得带到公司请同事吃。"

德式人际法则

忙碌的生活一天接一天过，人们很容易在无意间忽略维持重要的人际关系。与朋友用餐很愉快，然而，比起没重点的冗长聚会，能够有效运用彼此时间的会面更能一举两得。接下来，我想分享一些好点子。

我和我妈妈都有工作，所以，假如没有专门安排，我们几乎不太有机会碰面。因此，从多年前开始，我们决定每月安排一天"文化日"。东京经常举办展览和活动，虽然住在这里，错过展期的次数却出乎意料地多。为了同时解决上述两个烦恼，我至少每个月会邀请妈妈一同参加一次文化活动。所谓"文化活动"的定义很自由，有时逛街也算在内。今年五月，我们参加了德国大使馆主办的例行花园派对，那场盛宴究竟算不算文化体验的一种，我也不清楚，只知道我们非常开心地享用了德国葡萄酒和香肠。

另外一个好玩的活动，是我从数年前开始参与的午餐读书会。成员共有四位女性，虽然平时大家从事的工作完全不相干，但是每个人都是阅读爱好者，原本只是互相推荐好书，后来逐渐变成定期聚会。这个读书会大约每两个月举行一次，而挑选午餐地点也是其中的乐趣所在。大家彼此介绍最近看过的有趣图书，假如有谁带了什么好书来，大家就会一起看。在没有碰面的时间里，大家也会互通电子邮件，并且通过邮寄来交换图书。因为这个聚会，我看了许多自己平时接触不到的书，视野也变得广阔起来。

在工作中，我提倡要多多在家做料理，然后邀请朋友来聚餐，结果自己这几年却忙到没时间这么做，实在是本末倒置。因此，从今年春天起，我稍微减少工作量，慢慢开始邀请一些熟人来家里做客，例如先生公司里的好朋友。有时邀请来的都是互相认识的朋友，有时邀请的虽然都是自己的朋友，但朋友之间互相不认识。无论是哪种情形，目的都是大家聚在一起开心聊天。虽然菜肴本身也很重要，但是假如太过大费周章，反而会造成客人们的负担，所以恰到好处即可。以我为例，我原则上皆是准备能事先做好的料理，例如冷了也很好吃的东西，只要统统丢进锅里炖煮就好的菜肴，以及放入烤箱就能简单完成的料理。除此之外，我会先把餐桌摆设搞定，再预先备妥餐后会使用到的咖啡杯，这么一来，访客抵达后，主人就不会一直待在厨房里，大家可以一起用餐聊天，欢度美好时光。

珍视每天、每周、每月、每年的生活节奏

　　德国人非常重视生活节奏，一天、一周、一个月乃至一年，他们都倍加珍惜。我认为，规划自己的步调并加以遵守，有助于维持身心健康。我经常在紧绷与放松之间做切换，打造强弱分明的生活节奏。

　　一整天的作息可以分成早上起床时间、用餐时间、工作时间、放松时间，以及就寝时间。年轻的时候，我曾从事保姆工作，那时我发现了一件十分有趣的事——日本小孩会在母亲出门的瞬间号啕大哭，怎么样也停不下来，让我深感困扰；美国小孩则是霸道地为所欲为，同样使我苦恼得不得了。相较之下，德国小孩会和我一起玩，而且一到晚上六点，差不多是就寝的时间，他们就会主动问我是否能念床边故事。由于他们日复一日都被要求在同一时间起床、吃饭、上幼儿园、吃晚餐，还有上床睡觉，一整天的作息已然成为生物钟，所以每到晚上六点

就会自然想睡。我只需念一下故事书，他们很快就能进入熟睡状态，照顾他们完全没有压力，让我很惊讶。

德国人在进入社会之后，也会一样地执行时间管理。他们不会因为其他人还在公司就跟着加班，假如工作真的很忙，比起晚上加班，更多人会选择早点出门上班，这样晚上就能准时回家。早上七点就去上班的人绝对不在少数。到了晚上，与其跟同事聚会畅饮，不如与朋友和家人一同度过，因为他们将傍晚以后的时间视为私人时间。

再来，一周的节奏就是平时工作、周日休息。在德国，周日禁止营业（机场和中央车站等旅客往返的场所例外）。尽管禁止营业的法律已没有过去严格，但是只要到了周日，原本繁华的德国街道就会回到宁静之中，孩童也不会有学校的社团活动。不去教会的人，就会偕同家人及朋友平和地共度周日，譬如全家一起散步或骑脚踏车，外出探望奶奶，请朋友来家里享受美好的咖啡时光等，那是让身心获得休息的重要日子。每周都有一天与经济活动毫无关联的日子，精神上也能得到放松。

一年的节奏则是平日与过年长假。德国上班族的平均年假天数是三十天，给自己一年一次为期两三周的假期十分常见，他们不会像日本人一样因为太忙而把年假延至隔年。休假是工作者的权利，所以绝对会好好把握，相对的，工作的时候也会特别专注。

认真工作是德国人重要的价值观之一，但他们同时也认为，人若不适时休息，就难以倾尽全力工作。我外公有很长一段时间都在家亲自照顾外婆，负责看护的人同样需要休息，他每年会给自己一次连续两三周的长假，这期间，看护外婆的工作就由我来代劳。

早睡早起是基本原则

我家也十分注重生活步调，最重要的就是早睡早起。其实我本来完全不是早起的人，喜欢在棉被中磨磨蹭蹭赖床，周六也好想躲在棉被中看报纸直到中午。然而，我任职的第一家公司上班时间刚好很早，所以我每天都是坐首班列车前往公司。结婚后，由于我先生也是个早起的人，我的早起作息就这样在半强迫的情况下确立了。刚结婚的第一个周日早晨，我先生竟然在六点时把熟睡之中的我给叫起来，只为了问我："喝咖啡吗？"实在叫人不可置信！不过，这段插曲也让我认知到，避免在周日打乱平时步调的确是件重要的事。我外公不分平日假日，早上的例行公事都是固定的。在德国，早餐之前是人们整理仪容的时间，服装也不能随便套个运动衫，若是没有好好换上整齐衣物，必定会受到责备。

早上该几点起床，只要根据自己每日的出门时间，或是送小孩出门的时间，逆推回来即可。多年尝试后我了解到，无论是凌晨五点起床，还是赖床到五点十五分，痛苦程度都是一样的；因此比起赖床，一鼓作气地早起，让早晨时光更充裕，绝对是较佳的选择。

无论平日或周日，早起的好处就是能在离峰时段进行许多事情或工作。例如，早上散步人烟较少；购物和参观展览一开门就去，就能避开人潮。按照自己的步调行动，心里也没有那么多负担。早晨不仅安静怡人，步调较慢，人们的精神状态也比较清爽，所以什么事都能顺利推进。也因为工作完成得早，放松时间就能早点开始。而且如果从大清早即开始活动，夜晚也会较早有睡意，自然而然就能养成早睡早起的作息了。

每日作息的规划方式因人而异，我属于先苦后甜型。早上和先生一起在五点以前起床，趁他在沐浴的时候准备让他带去公司的面包及水果当作早餐，假如当天他需要带便当，我也是在这个时间制作。待我送他去公司之后，回家第一件事情就是稍微歇一会儿，为自己煮杯咖啡，吃点面包，同时查看电子邮件。

原则上，我一天只看一次电子邮件。否则会不自觉地花太多时间在这上面，回过神来可能都超过一个小时了。为避免时间如此浪费，我规定自己仅在三十分钟内回信，专注地集中处理。我本来是个缺乏决断力的人，做事总是举棋不定，凡事皆无法立刻决定要如何处理，而且一有犹豫就会把待办的事情搁置。然而，拖延对决策并没有任何帮助。后来我遇到一个朋友，他只要遇到必须处理的事，就会立刻行动或打电话，非常干脆。从此我学会了如何以最快速度作出判断并回复，总之着手进行就对了。当然，有时候我也会因为繁忙而发懒，但讨厌的事情越积越多就糟了，还是认真地动手处理比较好。

我回完电子邮件的时间大约是早上六点半，此时，我会把咖啡杯拿去厨房，这个动作同时也是我开始整理的信号。每天早上，我都会先将凌乱的厨房整理干净，再到卧室打开窗户、把床铺好，接着专注于打扫客厅——先把四处散落的物品归位，整理变形的沙发靠枕，最后去淋浴。淋浴完，顺手将淋浴间的水擦干，然后吹头发，简单化个妆。接下来，再顺势清洁厕所和洗手间。洗手间的地板用扫把清扫，厕所则是先以刷具刷洗干净，再利用抹布拭干。最后一个步骤是先用海绵清洁洗手间和厕所的洗手台，再以不会刮伤镜面的布擦干。以上就是我每天早上的例行公事，若一切顺利，包含淋浴时间在内共一小时。如此让屋内焕然一新后，就可以展开全新的一天了。

顺带一提，我认为每天的肌肤保养也是简单就好，只要把握"仔细清洁、注重保湿"的基本原则即可。德国人大多偏好素颜，有时连我都会觉得他们好像太不注重打扮了。不过我平常也几乎不化妆，浓妆不仅令我的皱纹更加明显，晚上卸妆也很费时。我平时爱用的护肤品是妮维雅（NIVEA）润色保湿乳霜，此外，由于我总是一头短发，为了避免看起来太中性，我会将睫毛夹翘，并稍微画一点眼线。

规划每日例行公事

生活中的琐事真的让人很不想面对，我们也常认为琐事就等于麻烦事。不过，请大家试着好好测算一次处理烦人琐事所需花费的时间。我很不喜欢铺床，但在实际测算时间之后，发现铺床竟然只需要五分钟！相较之下，以前耗在挣扎着要不要铺床的时间还远远超过五分钟呢。

以前我是个"迟到大王"，早上起来总是慌慌张张。结婚前，每次和先生约会都惹他生气。即使努力在约定时间抵达，但他早在五分钟前就已情绪焦躁地等在那里。虽然当时一直觉得他那样好狡猾，不过现在也觉得做每件事都保留充裕的时间是个好习惯。

若你还没有定下早晨的例行公事，建议尽快着手进行。规划方法十分简单，首先，把一定要做的事情列成清单，然后在思考流程的同时试做几次，再视情况改变顺序，使流程更加合理。假如时间不够，就应当考虑是否该再早起一些，还是将部分事情挪到前一晚进行，例如在前一晚先想好第二天的服装穿搭。我妈妈会在就寝前完成第二天早餐的餐桌摆设。如果每天都用尽力气，却只是一直在赶时间，一定会非常疲惫。因此，事先把流程规划好，会感觉比较轻松。

晚餐除非有人招待，否则大部分的时候都是我和先生两人在家用餐。由于我先生晚上七点半回来，所以一过六点我就会开始准备。对准备晚餐的人而言，想菜单是最麻烦的事。在极其忙碌的时期，我会预先计划好整个星期的菜单，并且买好所需食材。

如果预先知道傍晚会十分忙碌，我有时会在早上就先备菜，比如将蔬菜预先切好氽烫，放在盘内再冰入冰箱。晚上只需按下电子锅煮饭，然后把半成品的菜完成即可。若实在累到连想菜单的力气都没有，我当然也会选择购买餐厅的家常菜或便当带回家吃。在这种情况下，我就会彻底地什么都不做，买回来的东西也不会移到盘子上，而是直接放在外带的容器中食用。就是因为疲惫不堪才买外带的，假如还刻意增加洗碗工作，根本多此一举。然而，每天外食对身体并不好，自己做的料理吃起来比什么都安心。比起豪华美食，健康更重要。日本人非常注重饮食，从装盘、配色、口感到营养是否均衡，他们皆十分用心，而且还倡导每天摄取的食材最好达到三十种。德国没有这种说法，但也同样能保持营养均衡。我比较极端一点，我认为以一周为周期，每天吃一样的东西也没问题。

我的生活节奏

为了维持一周的节奏感，我尽量不在周日工作。周日是与家人共度的时光，一早，我会和先生出门健走，然后在途中享用午餐，回到家后再稍微睡个午觉，慵懒一下。周日我既不查阅电子邮件，也努力忘却工作，希望能获得心情上的转换。可以的话，我连电视都不开，彻底拒绝外来信息，静静地度过一天。

我的每月步调，建立在往返先生老家鹿儿岛的节奏上。有时因工作关系，要腾出返乡探亲的时间实在不容易，但是我还是会设法克服。乡下的气氛不同于东京，走进庭院就能感受大自然的变迁，每个季节都有相应的活动，例如制作季节限定的糯米团子等。待在都市里，如果不留心，一年的时光既枯燥重复又转瞬即逝，因此每个月回鹿儿岛是让我能好好充电的重要时光。

最后，至少每年我都会到德国旅行一次。我的外公已届高龄，如今我前往德国的次数比以往更加频繁。到德国见见朋友和家人，总能帮助我振作精神。

重视放松时间

我的第一份工作与金融相关，每天都在忙碌中度过，当时我负责与德国相关的事务，在网络还不发达的时代，为了克服时差问题，总是搭乘首班列车上班，再搭末班列车回家，日复一日。到职不到半年，柏林围墙倒了，每天更是忙得无以复加。工作还不熟悉、时间永远不够，就这样撑了一整年之后，我患了十二指肠溃疡。尽管尚不到需要动手术的程度，但是我还是在医生的建议下提出辞呈。

在日常生活中，即使没有特别注意，压力仍然一点一点在累积。那次经历让我深切体会到，在压力过大而导致健康亮红灯之前，适时给予自己喘息空间是多么重要。另外，为避免遭他人过度交付工作，我们应务必坚守立场。对于总是不自觉想当好人的我来说，尤其需要把这点放在心上。旁人无从了解交付出去的任务究竟是努力就能办到，还是强人所难，只有自己才能判断。当然，有时也会发生不得不咬牙撑过的情况，但是船到桥头自然直，就算不逞强，最终也能解决。健康管理和时间调配都是自己的责任，现在的我进入了放慢脚步的时期，一味地忙碌奔走会让生活失去重心。享受平和的时间并动脑思考，才能常保创造力。

除此之外，咖啡时间是我每天最重要的放松时刻。光是闻到咖啡香，就足以纾解原本紧绷的情绪。尽管每天都有忙不完的事，但我会把行程事先安排好，并在其间穿插咖啡时间。即便仅有5分钟或10分钟的空档，我依然会小憩一下，让头脑放空、转换心情。如果当时在家，我喜欢自己煮杯咖啡，一边品尝，一边翻阅我最爱的室内设计图书；就算人在外面，我也会走进咖啡馆，稍微发一下呆，这些都是我用以沉淀心情的时刻。如果是时间较宽裕的日子，我则喜欢在喝咖啡时读报。看报纸对我来说，比什么都叫人放松。我平常会看日本的电视新闻，而国外信息则是借由英文报纸来获得，那是让我与世界接轨的重要资讯来源。

我没有什么特别爱好，主要的兴趣就是规划室内摆设。有时间的话，我想在喜爱的亚麻织品上刺绣，为了这个理想，多年前曾开始学习刺绣，然而一直没办法真正实行。为此，我期许自己能更有效率地做好时间管理，以增加一些消遣时光。

日本女性努力过头了吗？

日本女性真的很努力，随时都要保持美丽，很注意时尚动态，每个人都好时髦。在家庭中，她们人人精通家务与烹饪，不仅育儿难不倒她们，还能胜任所有职场的工作。假如家人病倒了，一肩扛起照护工作的也是她们。但没有人是万能的神力女超人，而且也没必要什么事都一个人孤军奋战。人生旅途上，无可避免地会有非常忙碌的时期出现，然而，在那段时间里，最好也不要忘了如何让身心皆能享受生活。比如，设法避免在百忙之中忽略自己的兴趣，或者，也可以寻找合适的代劳服务。这不是为了偷懒，而是为了自己与家人的健康着想。

举凡医美诊所、美容中心、美甲彩绘、餐厅、幼儿托班等，皆可以提供各种代劳服务。就算只是跨出一小步，每周仅一天请别人来当保姆或打扫，也能感受到大大的不同。与其花大钱购买名牌包，不如拿那些钱去买能够使生活更加游刃有余的服务。以前，我认为烹饪教室的一切都得亲力亲为，硬着头皮扛下所有事情。现在我聘请了助理，两个人一起准备和收拾善后，真的轻松许多。在鹿儿岛的家，有时我会请人来为庭院除草及擦窗户。尽管不是真的没办法自己做，但就是不想太勉强。其实窗户脏了也没关系，然而，我无论如何也会在意。因此我会根据当时的时间、体力、金钱、精力的余裕及平衡，来判断自己该怎么做。

德国的生活改善运动——新生活运动

德国人如此重视生活步调，其实是有历史渊源的。从18世纪到19世纪，欧洲工业化发展迅速，每个人的生活都有了重大改变，在那之前，几乎人人都从事农业。随着工业发展，许多人离开农村到都市里的工厂工作。原本是为了追求富饶而前往都市，结果那些普通工人的生活非但没有变得轻松，还必须长时间工作，不仅住宅不足、卫生条件差劲，营养状态也不好。经年累月，劳工苦不堪言，到了19世纪后半期，德国和瑞士逐渐有不少人认为，这样的状况不就表示文明正往错误的方向发展吗？遂而开始提倡回归大自然、重拾健康生活等各种生活改善运动（Lebensreformbewegung）。恰巧就在同一时期，各领域的人们纷纷就不同观点，提倡改善生活、重新拥抱健康的运动。例如，养生饮食（素食主义、谷片〔muesli〕餐、全麦面粉餐、禁酒等）、裸体主义（nudism）、舒适衣物穿着运动、自然疗法（顺势疗法〔homeopathy〕、草本疗法、利用水和温泉的治疗方法等），以及教育改革。

德国不只拥有精密工业，德国人非常重视人与大自然的联系，他们皆希望居住在充满绿意的环境，呼吸新鲜空气。我的父母在选房子时，妈妈无论如何都想找到花草树木丰富的地点。她认为白天虽然无法挑选工作环境，但至少晚上一定要呼吸到新鲜空气才行。当季蔬菜、杂粮面包和谷片皆十分受德国人欢迎，天然饮食也一直是德国人的最爱。

最近，德国的健康食品店也开始贩售日本传统调味料、味噌、甘酒，以及腌梅酱等，令我好惊讶。如今许多德国人很重视养生，也有不少人喜欢泡温泉。德国人在上班时懂得在紧绷与放松之间取得平衡，休息的时候就彻底放空，上班族一次请两三周的长假也很平常。此外，德国人也经常饮用花草茶。感冒时，就会在大碗里泡大量的洋甘菊茶，然后将毛巾同时罩住头和大碗，慢慢呼吸，据说，这么做能通鼻温肺，有助于早日恢复健康。如果身体有任何部位感到疼痛，他们普遍会使用热水袋热敷。

我认为，上述习惯皆源于当时的生活改善运动，但没想到我的德国朋友之中，鲜少有人知道这个词。可能"掌握自然与文明、身与心之间的平衡，是迈向健康的不二法门"这样的观念，早已不知不觉在德国人的心中生根。

德式养生法则

德国最近有越来越多的人选择吃素，他们不只为了健康，也为了环保。饲养食用动物非常消耗地球资源，若能把蔬菜当作主要营养来源的确是较佳选择。然而，要从蔬菜摄取所有营养非常麻烦，所以我个人偏好日本风味的均衡饮食。就算要吃肉，也不是大块牛排，而是以切成薄片的肉搭配蔬菜一同烹煮，在受惠于肉类营养与美味的同时，也能充分摄取蔬菜营养。我真的很喜欢以丰富食材制作的日式炖物及菜肴。

德国人的午餐通常是热食，而且很丰盛，不过晚上多是轻食。我最近也开始每周吃两次"德式冷食"（Kaltes Essen），内容通常是裸麦面包、火腿和奶酪，加上一份沙拉。沙拉有时只有蔬菜，有时则会搭配烤鸡或水煮虾，或者酥脆的培根也十分美味。将生食、水煮食材、煎烤食材和有特殊口感的食材加以组合，就是一道讲究的沙拉，有时候我也会撒上葵花子，若心有余力，我还会煮一锅汤，并且加上自己做的酱菜。最初，当我端出这样的晚餐时，先生好像觉得不够饱足，不过他最近开始自己要求吃这样的晚餐，尤其是在饭局不断的日子里，清爽的晚餐似乎能让人在第二天早上感到神清气爽呢。

维持健康身体除了要有良好的饮食之外，运动也很重要。

但我很讨厌运动，这让我很困扰。我曾试过和喜爱网球及高尔夫球的先生一起运动，还因此去参加高尔夫球俱乐部，也去学网球，然而，无论如何就是无法爱上，反而很有压力。我先生会固定和朋友及同事相偕运动，但我就无法持之以恒。因此，我尽可能地在日常生活中多活动身体。我出门基本上都会搭电车而不是出租车，搭乘电车需要上下楼梯，是不错的运动，走路时我也都尽量快步走。有一次在偶然的机会下，我发现自己的肌力衰退得厉害，朋友建议我练习深蹲，虽然我一样没有认真执行，但却因此发现自己之前是如何疏于做蹲下的动作。现在，我在捡起地上物品或取出橱柜下层物品时，都一定会屈膝蹲下，尽量从生活中锻炼肌力。

周日我一定会和先生一起散步，一年四季无论气候如何都会进行。步行距离视当天情况而定，原则上至少四千米，状态良好想多走一点时，大约会到一万米。我们总是一面快步健走，一面聊天，互相交换那一周的信息。散步不仅仅是为了健康，也创造了两人交流的美好时光。另外我也发觉，通过这样不问寒暖地外出走动，身体似乎变得更能适应不同季节的气温了。

最近，我有点想要增加平日运动量，正在思考是否要在每日用完餐后出门散步。我外公一直以来都会将运动融入生活之中。他年轻的时候，会在家后方的森林里快步健走，后来由于髋关节疼痛，他改为骑脚踏车，在森林中骑乘两万米。现在他年纪太大了，就连骑脚踏车都有困难，每天前往养老院吃午餐的必经之路就成了他的散步道。想要吃饭就一定得走路，这点真不错。无论气候好坏，他中午都必须外出用餐，如此一来，也能顺便运动。总而言之，把运动与生活步调做结合，对我来说是零压力的运动方式，推荐给其他讨厌运动的人。

后 记

    年过五十，工作和个人生活都已成形、告一段落，必须开始思考接下来该何去何从。

    在工作生涯中，我一直都是顺其自然。男女雇用机会平等法施行后，我随即进入证券公司任职，负责以机构投资人为对象的德国股票业务。不久，柏林围墙倒塌，我每天都深陷忙碌的深渊里。我当时深信，在完全不懂金融知识的情况下贸然就职固然不好，但是只要从工作中学习，持续一段时间后，必定能爱上这个领域。其间虽然有所中断，不过加起来，我在证券行业共待了六七年之久，然而，我实在无法爱上那个分秒必争的严峻环境。后来，借着先生出国留学的机会，我暂停工作，随他一起到伦敦，在当地的厨艺学校上课。原本学料理只是想当作兴趣，没想到回到日本我就开始教授烹饪，不知不觉间，介绍德国生活风格的工作也找上我了。

由于我的成长环境，以及德、日混血的背景，我时时都在比较两国的生活方式和思考模式。有这么多人愿意分享我的自身经验与想法，我感到十分荣幸。然而，毕竟我实际在德国生活的时间不长，所以，想去德国进行专业学习的心情越来越强烈。我妈妈50岁之后才进大学读书，她说，班上有不少四十几岁的人因为对专业领域的未来没有信心，遂而回到大学就读。目前我对于自己想学什么还没有明确的目标，但是时候好好规划一下了。

　　现在来谈一下我的个人生活。我先生在鹿儿岛有自己的房子，虽然我们目前打算继续过着往返东京和鹿儿岛两地的生活，但从长远来看，搬回去的概率也很大。一开始我每次回鹿儿岛都很紧张，连续几年后，那里对我来说已像是故乡般的存在。我想要更深入地了解当地代代相传的特有祭典习俗、配合各个季节活动制作的料理和点心，以及珍贵的当地文化。至今，我也是每一两个月就会回鹿儿岛探亲一次，在那里感受四季变换，和住附近的嫂嫂一起制作糯米团子，并送给邻居品尝，尽情享受当地生活。等到我七八十岁的时候，希望成为一位非常了解当地风俗的老婆婆，也希望能够将那些知识传承给下一代，我认为这是十分有意义的事。

　　然而同时，我的心也挂念着德国。我外公年事已高但依然硬朗，我期许自己能更常去德国，听听外公诉说以前的点点滴滴。在我两三岁时，是外公在养育我，而那正是小孩子吸收知识最快速的时期。最近我才发现，我从他身上学到的事情特别多，例如德国人守规矩的特性、抱持自我哲学的生存方式，以及就算年龄增长也要自力更生的坚强个性等，我真想再听他说更多的事。

最后，我想要说的是东京。东京是我现在的主要生活圈，大部分的朋友，以及我的父母都住在东京。我爸爸是在日本桥长大的东京人，他所教给我的，以及我自己体认到的东京文化，我也很想分享给德国和全世界。虽然目前我常将德国文化介绍给日本人，但是我对日本有非常深厚的感情，所以想用浅显易懂的方式，将外国人难以理解的日本价值传达给德国人，这是我的梦想之一。

现在是我的人生转折点，若无意外，我还有40年的时间。我期许自己能够保持身心健康，找到有意义的人生目标，然后一边享受人生，一边挑战自我。